KB251480

ECO DRIVE

에코드라이브

김필수 지음

GoldenBell

INTRO

에코드라이브를 읽기전에

최근 고유가로 각 가정에서의 고통이 이만저만이 아닙니다. 각 가정마다 유가 부담을 줄이기 위한 고육책을 많이 생각하고 있습니다. 정부도 유가에 대한 국민의 부담을 줄이고자 알뜰주유소 등 다양한 정책을 내놓고 있으나 쉽게 부담을 줄이기가 어렵습니다. 특히 가장 부담이 많이 되는 자동차의 경우 생활필수품이어서 사용을 안할 수도 없는 실정입니다. 국민에게 부담을 줄이는 정책도 당연히 필요하고 국민들도 각자가 노력하여 에너지 절약을 실천하여야 하는 상황입니다.

유가는 지속적으로 오를 것이고 전체의 약 97%를 해외에 의존하는 우리의 입장에서는 더욱 소모되는 에너지를 절약하여야 하는 의무가 있다고 할 수 있습니다. 더욱이 가장 중요한 역할을 하는 자동차에 소모되는 에너지는 사용방법에 따라 큰 차이를 나타냅니다. 그 만큼 자동차에 필요 없이 소모되는 에너지가 많다는 뜻입니다.

우리는 해외 선진국에 비하여 에너지 낭비가 큰 편입니다. 아마도 유럽 평균의 1.5배는 소모된다는 얘기도 많습니다. 특히 우리는 해외 의존도가 높으나, 낭비는 심하여 해외로 유출되는 비용은 천문학적이라고 할 수 있습니다. 그래서 더욱 다른 나라에 비하여 에너지를 절약하여야 하는 명분이 있습니다. 특히 자동차의 경우는 심각합니다. 항상 급하고 거칠게 운전하다보니 에너지 낭비는 물론이고 빈번한 교통사고로 사회적 손실도 심각합니다. 남발되는 보험처리로 사회적 기강도 무너지고 있습니다. 그래서 이제는 자동차에 대한 방법을 달리해야 합니다.

특히 운전방법은 가장 우선적으로 개선하여야 하고 에너지 절감형으로 바뀌어야 합니다. 바로 대표적인 방법이 친환경 경제운전인 에코드라이브(Eco-drive)입니다. 이미 지난 2003년부터 선진국의 운동으로 자리매김하여 20여국으로 확대되고 있습니다. 원래 목적은 운전방법을 개선하여 이산화탄소 저감과 연료 절감이나 한 템포 느린 운전으로 인한 여유 운전을 하다 보니 교통사고도 줄어드는 일석 삼조의 효과가 발생하고 있습니다. 급한 우리의 운전방법을 생각하면 우리에게 가장 좋은 운동이라 확신합니다.

친환경 경제운전인 에코드라이브는 특별한 방법은 아닙니다. 자신의 잘못된 운전방법을 개선시켜 조금이나마 연료를 절약하자는 취지입니다. 시중에는 에코드라이브 실천강령 10가지 등 다양한 방법이 제시되고 있으나 한 마디로 한 템포 느린 운전, 여유 있는 운전을 말합니다. 급출발, 급가속, 급정지 등 3급을 하지 말자, 정속 운전하자, 트렁크 등을 비워 차량을 가볍게 하자. 타이어 공기압을 적정하게 하자, 정기적으로 차량을 관리하자 등 우리가 할 수 있는 일반적인 사항입니다. 그러나 생각 외로 이러한 방법은 쉽지가 않습니다. 하나하나 생각하고 하고자 하는 의지가 중요합니다. 실천하고 습관화시키면 자신도 모르게 에너지가 절약되는 베스트 에코드라이버가 될 수 있습니다.

평상시에 소모되는 연료보다 적어도 10% 이상에서 많게는 50%까지 줄어드는 운전자도 있습니다. 특히 에코드라이브는 아무리 연료절약이 되는 운전방법이 있어도 안전이 전제되어야 효과가 있고 보장이 됩니다. 그리고 에코드라이브는 꼭 운전방법만을 개선하는 것이 아니라 차량과 관련된 주변 활동도 인지하고 개선하면 모두 도움이 됩니다. 환경문제에 대하여 관심을 갖는 것도 해당이 되고 국내외의 자동차 환경 정책, 친환경 에너지 문제, 차량관련 문제 등 모두가 해당이 됩니다.

이 책자는 친환경 경제운전인 에코드라이브에 대한 모든 것을 소개한 책자입니다. 일반인들이 편하게 접하고 이해할 수 있게 제작하였습니다. 에코드라이브가 활성화된 다른 선진국에서 이렇게 단일 책자로 에코드라이브를 주제로 출간한 책자는 없습니다. 있어도 홍보나 캠페인성 소책자입니다. 그래서 더욱 의미가 있다고 할 수 있습니다.

이 책자에는 칼럼 형태로 다양한 국내외 환경문제, 정책이나 사례 등도 소개되어 있고 구체적으로 운전자가 에코드라이브를 하는 방법도 당연히 소개되어 있습니다. 차량관리의 의미나 단순한 주유방법의 의미까지 다양합니다. 물론 칼럼마다 몇 줄 정도 중복되는 경우도 있습니다. 그래서 이 책자는 처음부터 읽어도 좋지만 수시로 어느 쪽을 펴서 읽어도 전혀 부담이 없습니다. 이해하는 데 지장이 없다는 뜻입니다.

사실 이러한 책자는 이미 지난 2010년 후반기에 정부에서 출간한 경우가 있었습니다. 본 저자가 환경부의 정책용역으로 첫 번째 에코드라이브 책자가 발간되어 수천 권 정도가 전국 관공서와 지자체 및 도서관 등에 공급되었습니다. 그러나 일반 민간용으로는 처음 출간되기는 처음인 만큼 의미는 있다고 판단됩니다. 혹시라도 궁금한 사항이나 더 많은 정보가 필요하면 환경부 에코드라이브 포탈사이트인 www.eco-drive.or.kr로 들어가서 각종 정보를 확인하면 더욱 좋을 것입니다. 이 곳에는 앞서 언급한 첫 번째 에코드라이브 책자가 e-book 형태로 입력되어 있고 에코드라이브의 구체적인 절약방법을 영상으로 만든 약 20가지의 방법이 각 편당 7~8분 형태로 제시되어 있습니다.

　　　이제 에코드라이브는 일상생활에서 선택이 아니라 필수로 바뀌고 있습니다. 에코드라이브가 우리 일상생활에서 에너지 절약의 대표 모델로 정착되었으면 합니다. 그 효과는 모이기 시작하면 개인이나 국가적인 차원에서도 대단할 것입니다. 본 책자가 조금이나마 이러한 흐름에 도움이 되었으면 합니다. 아무쪼록 짧은 소견과 좁은 시야로 본 글인 만큼 주변의 채찍과 격려를 바라면서 글을 올리고자 합니다. 감사합니다.

2012년 5월

저자　김 필 수

CONTENTS
에코드라이브

PART

ECO

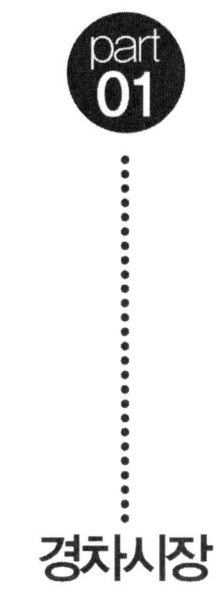

part
01

경차시장

DRIVE

01

경차를 가지고 에코드라이브를 하면 얼마의 연비가 나올까?

|경차시장|

최근 경차에 대한 관심이 커지고 있습니다. 아직 모델 수는 3가지에 불과하지만 어느 해는 전체 판매의 10%를 차지하는 성과를 얻기도 했습니다. 그러나 아직 전체적인 점유율은 8% 정도여서 더욱 노력하여야 합니다. 경소형차가 차지하는 비율이 높을수록 그 만큼 에너지를 절약하고 무사상 등 각종 측면에서 이점이 크기 때문입니다. 국내에서 사용되는 그 많은 차종 중 리터당 20Km를 넘는 차종은 약 20여개 기종 정도입니다. 대부분이 차지하는 종류는 가솔린 경차, 디젤승용차, 수동변속기 장착 차량, 하이브리드 차량 등이 해당이 됩니다. 이러한 종류는 연비 절감 효과가 커서 상당한 에너지를 절약할 수 있습니다. 이 중 대표적인 가솔린 경차를 대상으로 친환경 경제운전인 에코드라이브를 하면 얼마까지 연비를 높일 수 있을까요?

특히 에코드라이브를 하는 방법이 중요합니다. 가장 효과가 큰 방법을 동원하면 충분히 생각 이상으로 연비를 높일 수 있습니다. 일반적으로 경차는 리터당 25Km 이상은 가능하다는 것입니다. 서울 부산 사이를 약 17리터만 가지고 갈 수 있다는 이론입니다. 의지를 가지고 열심히 하면 충분히 가능할 것입니다.

연료 절감 효과가 큰 연료차단기능인 퓨얼 컷을 이용하고 신호등 앞에서 엔진정지나 자동변속기 N과 D를 적절히 사용합니다. 당연히 타이어 공기압은 적정하게 유지하고 필요 없는 짐은 제거해야 합니다. 그리고 가장 중요한 요소는 급출발, 급가속, 급정지 이른바 3급을 하지 않는 것입니다. 그리고 정속 유지도 중요하겠죠. 분명히 쉬운 방법은 아닙니다. 그러나 노력을 하면 경차를 가지고 목표를 이룰 수 있습니다. 이러한 목표를 이루려는 목적은 하이브리드 차량이 아닌 일반 차량을 가지고 높은 연비를 구축할 수 있다는 것입니다. 누구나 자신을 가질 수 있는 사례가 될 것입니다.

02

경차확대를 위한 혜택을
있는 대로 늘려라

| 경차시장 |

최근 신형 경차가 발표되어 많은 주목을 받았습니다. 그래도 아직 국내에서 판매되는 경차는 3가지밖에 없습니다. 기아의 모닝과 박스형 경차 레이, 그리고 스파크입니다. 그 많은 차종 가운데 3가지만 있을 뿐이어서 소비자들은 선택의 폭이 좁습니다. 아직 국내 자동차 중 경차의 전체 점유율은 8% 수준입니다. 이웃 일본은 37%, 유럽은 과반수에 육박합니다. 우리는 97%의 에너지를 수입하면서 최근 에너지 소비증가율은 세계 1위권입니다. 그래서 더욱 아끼고 절약하여야 하는 명분이 있습니다.

최근 많은 관심을 가지고 있는 친환경 경제운전인 에코드라이브도 당연히 필요하지만 에너지 절감효과가 큰 경소형차의 활용은 더욱 중요한 포인트입니다. 지금의 혜택도 세계적으로 가장 크다고 할 수 있으나 더욱 관심을 갖고 점유율을 늘리기 위해서는 혜택을 생각 이상으로 하여야 한다는 것이죠. 정부가 좀 더 전향적인 생각을 가지고 제시된 각종 인센티브 방법을 마련하여야 합니다.

특히 운행 상의 이점은 더욱 판매를 늘릴 수 있습니다. 도심지 개구리 주차 허용이나 도심 버스 중앙차로제에 비보호 주행을 허가한다든지 경차를 촉진시킬 수 있는 방법은 얼마든지 많습니다. 일각에서는 형편성의 원칙을 얘기하지만 전혀 문제가 되지 않습니다. 필요하면 경차를 사서 혜택을 받으면 됩니다. 그리고 메이커에 경차를 생산할 수 있도록 세제 혜택 등 강력한 정책을 시행하여 소비자가 선택할 수 있는 폭을 넓혀주어야 합니다. 예전부터 존재하였던 큰 차가 안전하고 사회적 대접을 받는 다는 구시대적인 생각은 버려야 합니다.

경차를 6개의 에어백 등이 있는 경우도 늘고 있어서 안전은 문제가 되지 않고 큰 차가 사회적 대접을 받는다는 생각도 없어지고 있습니다. 큰 차가 불편한 세상을 만들면 됩니다. 이렇게 제도를 만들어놓으면 역시 선택은 소비자의 몫입니다. 유럽은 이미 수년 전부터 이산화탄소 배출량을 신차 구입 시 적용하여 경소형차의 판매가 더욱 늘어나고 있습니다. 다시 한 번 정부의 적극적이고 전향적인 정책 시행을 촉구합니다.

03

경차 택시에
관심이 가는 이유?

|경차시장|

최근의 고유가는 에너지 절약의 중요성 뿐 만 아니라 필요성까지도 부각시키는 효과를 나타내고 있습니다. 그 만큼 가계비에서 차지하는 비율 중 유류비가 차지하는 비율이 높다는 반증입니다. 물론 친환경 경제운전인 에코드라이브이 필요성은 아무리 강조해도 지나치지 않습니다. 그러니 미리부터 배기량 작고 크기가 작은 차량을 운행한다면 더욱 효과는 배가될 것입니다. 국내에는 경차의 비율이 매우 적습니다. 더욱이 에너지도 모두 해외에 의존하면서 낭비는 크다는 지적이 많습니다. 그래서 더욱 경차의 활성화는 중요합니다.

최근 성남시에서 시범적으로 운행하던 경차 택시에 대한 애기가 많습니다. 몇 대 되지도 않는 경차 택시마저도 운행이 거의 되지 않는다는 것입니다. 시민이 거부하는 것이 아니라 운전자가 운행을 꺼려한다는 것이죠. 이유는 수익이 다른 택시에 비하여 떨어진다는 것입니다. 요금이 저렴하다보니 시민은 선호하는데 막상 운전자는 싫어한다는 것이죠. 그래서 활성화 대책이 필요합니다. 수익의 차액에 대한 방법을 마련하여 비슷하게 해주어야 합니다. 차액에 대한 대안을 정부나 지자체에서 고민해야 합니다.

운전자가 수익에 관계없이 열심히 안전하게 운전만 하는 날을 기대해봅니다. 경차 택시 활성화는 경차 확대를 위한 하나의 샘플이 될 수 있기 때문에 더욱 중요합니다. 기동성이 좋고 주차면적도 덜 고민됩니다. 도심지 등이나 짧은 거리 이용 시 아주 장점이 많습니다.

그 동안 제시되던 안전 등은 기술의 진보와 운전으로 충분히 낮출 수 있습니다. 실제로 적은 경차보다 큰 차가 더욱 위험하다고 합니다. 차의 크기를 믿고 속도를 높여 더욱 위험해진다는 보고도 있습니다. 경차 활성화는 우리의 숙제입니다. 대표적인 경차 택시 활성화가 이루어져 전국적으로 활성화가 되었으면 합니다. 다양한 택시가 경합하는 것도 꼭 나쁜 것도 아닐 것입니다. 치열하게 다양한 차종이 결합되면서 선진형 구조로 나아가야 합니다.

04

나 홀로 족에게는
역시 경소형차가 최고

|경차시장|

　　최근 고유가는 차량의 유지비를 줄이려는 노력으로 나타나고 있습니다. 친환경 경제운전엔 에코드라이브 뿐만 아니라 차량 구입 시 고연비 친환경 차량을 우선 생각하고 운행 방법도 다양하게 에너지 절약방법을 생가하고 있습니다. 특히 대상 차량 자체를 적은 배기량, 적은 몸체를 지닌 경소형 차량으로 생각하는 경향도 좋은 방향이라고 생각됩니다. 예전에 우리는 큰 차가 사회적으로 대접을 받고 안전하다는 생각을 지니고 있었지만 최근에 이러한 경향은 많이 사라지고 있습니다. 도리어 경소형이면서 필요한 안전장치와 편의장치가 탑재된 경향으로 나타내고 있습니다.

　　이에 따라 최근 출시되는 경차는 중형이상의 옵션이 장착되고 있습니다. 그러면서도 연비가 높은 차량을 선호합니다. 더욱이 우리는 대도시에서 출퇴근 시에 나홀로 차량이 많습니다. 경우에 따라 95% 이상이 나홀로 차량일 정도입니다.

문화자체도 모두가 나 홀로 족이 많습니다. 핵가족화가 더욱 진행되어 능력만 있으면 미혼이거나 나 홀로 가장도 늘고 있습니다. 각종 음식도 1인용 상품이 늘고 있는 것도 이와 무관하지 않습니다. 차량은 말할 필요가 없습니다. 그래서 더욱 나홀로 차량을 위한 차량도 등장한다고 봅니다. 소비자의 욕구를 만족하면서 에너지 절약과 이산화탄소 저감 등 한 번에 여러 목적을 달성할 수 있으면 더욱 좋을 것입니다.

이러한 분위기에 맞추어 우리나라의 경소형차 비율을 획기적으로 늘렸으면 합니다. 전체적으로 소모되는 에너지 자체가 줄어들 것입니다. 동시에 에코드라이브까지 몸에 익힌다면 최고의 선진국형 에너지 절감 국가가 될 것입니다. 국민의 의식도 중요하고 이를 촉진하는 정부의 역할도 더욱 중요합니다. 바람이 일어났으면 합니다.

05

이제는
경소형차의 시대

|경차시장|

최근에 개최되는 각종모터쇼에서 가장 눈길을 끄는 것은 친환경 고연비 차량이었습니다. 물론 소형 전기차 같은 무공해 컨셉트카이었으나 현실적으로 양산화 되기까지 많은 시간과 노력이 필요합니다. 그래서 현실적으로 양산화가 가능한 고연비 친환경 차량에 눈길이 길 수밖에 없습니다. 실제로 구입이 가능한 고연비 차량은 그래서 경소형 차량입니다. 최근의 모터쇼에서도 경소형차에 대한 관심은 매우 높았습니다. 그리고 실제로 판매율도 예전에 비하여 높아지고 있습니다.

예전에는 무작정 큰 차가 사회적으로 대접받고 안전하다는 인식이 있었으나 바뀌고 있다는 것입니다. 최근에는 경차가 10만대에 이를 정도로 판매율이 높아졌고 올해는 더욱 큰 기대가 되고 있습니다. 당장은 한국GM의 스파크와 기아의 모닝과 레이입니다. 그리고 경차는 아니지만 닛산의 큐브가 판매되고 있고 피아트도 수입됩니다. 그리고 앞으로 수입을 기다리는 경소형 차량이 즐비합니다. 이 모든 차량이 연비와 친환경성이 우수합니다. 적은 만큼 고연비가 되고 이산화탄소 등은 적게 배출된다는 것입니다. 특히 소비자가 항상 아쉬워했던 안전장치와 편의장치가 보강되어 경소형이면서 중형차 이상의 옵션이 탑재된 경우가 많아졌다는 것입니다.

쉽지는 않겠지만 매년 경차의 판매비율이 10%는 되었으면 합니다. 물론 어렵습니다. 연간 신차 판매율이 약 150만대라고 생각하면 15만대 정도는 경차가 판매되어야 가능한 일이기 때문입니다. 쉽지 않지만 우리는 이루어야 합니다. 우리나라 에너지 해외의존도가 거의 전량이면서 에너지 소모는 매우 큰 국가입니다. 이런 상태가 지속되면 어렵게 해외에서 번 돈이 쉽게 낭비되어 유출됩니다. 선진국을 비교하면 우리도 경차의 비율이 적어도 20% 이상은 되어야 합니다. 연간 경차 판매 약30만대 이상이 되는 날을 기대해 봅니다.

06

최근의
경소형차 판매 증가
바람직하다.

| 경 차 시 장 |

최근의 유가상승은 자동차의 경향을 바꿔놓고 있습니다. 가장 대표적인 친환경 경제운전인 에코드라이브를 통하여 연료를 아끼는 방법은 기본이고 모든 방법을 구사하여 에너지 절약에 노력하고 있습니다. 특히 신차 구입 경향이 틀라시고 있습니다. 예선에는 디사인, 농력성능, 실내외 편의장치 등에 초점을 두었으나 이제는 연비와 가격, 친환경 등에 우선적인 기준을 두고 있습니다.

최근 메이커의 출시 차종도 경소형차가 많아지고 있습니다. 최근에 개최되고 있는 각종모터쇼에서도 경소형차가 상당수 전시되었고 고연비 친환경 차량이 대세라는 것입니다. 그 만큼 소비자의 관심은 높습니다. 국산차와 수입차도 경소형차에 대한 비율을 증가시키고 있습니다. 결과는 경소형차의 판매증가로 나타나고 있습니다. 최근 판매되는 신차 중 경차가 확실히 증가하고 있고 소형차도 증가하고 있습니다. 물론 여기에는 신차 투입과 유가상승이 이유입니다. 전체적으로는 바람직한 현상으로 파악되고 있습니다.

에너지 소비대국이고 에너지 의존도가 전량이라고 할 수 있는 우리나라는 필연적으로 에너지를 절약하고 또 아껴야 합니다. 가장 대표적인 소모처인 자동차는 중대형보다 경소형으로 탈바꿈하여야 합니다. 땅덩어리는 좁고 도심지 주차장은 더욱 좁습니다. 당연히 경소형차가 모든 면에서 유리합니다. 그리고 정부도 더욱 경소형차 활성화를 위한 적극적인 정책 지원과 법적인 지원체계를 갖추어야 합니다. 올해의 기대는 경차의 점유율이 10%는 되었으면 한다는 것입니다. 아직 일본이나 유럽 등과 비교하면 턱없이 적지만 희망을 가지고 노력하면 머지않아 20%선은 될 수 있을 것입니다. 모두가 관심을 가지고 노력한다면 분명히 달성할 수 있다고 자신합니다.

07

연비경쟁이 경소형차 활성화를 이끈다.

|경차시장|

친환경 경제운전인 에코드라이브의 목적은 결국 연료 절약입니다. 되도록 운전방법을 개선시켜 연비를 향상시키는 것입니다. 물론 처음부터 연비가 좋은 자동차를 선택하여 에코드라이브까지 진행하면 더욱 효과는 배가됩니다.

최근 자동차 자체의 연비가 신차를 선택하는 기준 중의 하나가 되면서 차량의 크기가 점차 적어질 것으로 기대됩니다. 차량의 크기가 사회적 지위를 나타낸다든지 안전하다는 등 다양한 해석을 통하여 큰 차를 선호하는 경향이 아직 남아있으나 최근 들어 수입차를 중심으로 소형화 되는 경향은 매우 바람직하다고 판단됩니다. 물론 아직 수입차를 소형차라 하더라도 국산 중형차 이상의 비용을 지불하여야 하므로 비용부담이 되는 것은 사실이나 그래도 소형화로 추구되는 방향은 긍정적이라 판단됩니다. 아직 국산차 중 경차는 10% 미만 수준이어서 선진국에 비하여 매우 낮은 비율입니다. 그러나 이러한 흐름도 수입차가 주도해 준다면 국내 시장에서 경소형화의 비율은 더욱 늘어날 것으로 확신합니다.

올해에도 수입차 중 경소형차 몇 가지가 수입될 예정입니다. 예전에만 하더라도 수입 경소형차는 생각지도 못한 기종이었습니다. 그러나 최근에는 젊은 층을 중심으로 실용적인 부분이 강조되고 있고 무엇보다 높은 연비 조건이 강조되면서 차량의 경소형화로 옮겨가고 있습니다. 정부에서도 경차에 대한 혜택을 기존 방법보다 훨씬 높은 혜택을 생각하고 있어 머지않아 긍정적인 결과를 기대하고 있습니다. 이러한 경차 분위기가 안팎으로 진행되면 더욱 경차의 긍정적인 인식과 활성화는 크게 확대될 것입니다.

국산차와 수입차의 대결이 긍정적인 인식을 낳아 다양한 경소형차의 대결이 되고 경차를 비율을 높일 수 있는 계기가 되리라 확신합니다. 외국산 경소형차의 수입을 우리가 활용하고 노력한다면 소비자들에게도 매우 좋은 서비스를 기대할 수 있는 좋은 계기도 제공할 것입니다.

08

경소형차가
늘어날 수 있는
세제 기준으로 바뀌어야 한다.

|경차시장|

우리의 경차 비율은 약 8% 수준입니다. 에너지를 해외에 전량 의존하다보니 그 만큼 많은 비용이 들고 여기에 에너지 소모증가율도 매우 큰 국가여서 그 만큼 불협화음이 많습니다. 절약하여야 한다는 얘기입니다. 이 중에서도 자동차는 가장 중요한 수난이고 설약하여야 하는 대상입니다.

따라서 친환경 경제운전인 에코드라이브 운동은 당연히 해야 하는 운동이고 여기에 미리부터 경소형차 위주의 자동차가 공급되는 것도 가장 중요한 방법입니다. 일본은 경차가 약 37%에 이르고 유럽은 과반수에 이릅니다. 우리는 큰 차만을 선호하고 있습니다. 정부에서 경차에 혜택을 주고 있지만 아직은 매우 약한 편입니다. 아직 세제 기준도 배기량이 크면 더 큰 세금을 물고 있지만 매우 약하다고 할 수 있습니다. 더욱 강력한 방법이 이루어져야 합니다. 프랑스의 경우 지난 2007년 말 부터 1Km 주행 시 배출되는 이산화탄소 배출량이 크면 할증을 하고 적으면 할인을 해주는 제도를 시행하고 있습니다. 영국이나 독일 등 전 유럽으로 확대되고 있습니다. 당연히 일반인이 신차를 구입할 경우 그 만큼 큰 차는 부담이 느는 만큼 경소형차가 늘 수밖에 없습니다.

그리고 아직은 미흡하지만 운행 상의 세제로 바뀌어야 합니다. 보유세도 필요하지만 운행을 많이 하면 그 만큼 많은 세금을 물게 하는 것입니다. 운행이 많으면 이산화탄소 같은 배기가스도 많이 발생하고 연료도 낭비하는 만큼 해당되는 세금을 더욱 많이 내게 하는 방법이죠. 이 방법이 전격 시행되기 위해서는 객관적으로 정확하게 운행을 측정할 수 있는 시스템이 구축되어야 합니다. 열심히 연구하는 만큼 머지않아 좋은 제도로 안착될 것입니다.

또한 경소형차를 위한 세제 혜택도 더욱 늘려야 합니다. 방법은 많습니다. 하고자 하는 의지가 정부에 있는 가가 중요합니다. 이제 본격적으로 1가구 2차량 시대로 접어드는 만큼 최소한 두 번째 차량은 경차를 구입하게 만들어주는 것입니다. 이것만 이행하여도 경차 점유율은 획기적으로 늘 것입니다. 분명한 것은 경차 점유율이 지금보다는 획기적으로 늘어야 한다는 것입니다. 의무인 것이죠.

09

프리미엄 경소형차가
대세이다.

|경차시장|

최근 세계 자동차 업계는 소비자가 만족하는 차종 개발을 위하여 최선을 다하고 있습니다. 더욱 치열해지는 만큼 더욱 좋은 신차 개발이 가장 중요한 관건입니다. 고연비와 친환경 요소는 물론이고 소비자가 만족하는 가종 옵션을 개발, 탑재히어 소비지를 유혹히고 있습니다.

예전 차량의 대세였던 대형차는 점차 중소형으로 변하고 이제는 경소형으로 까지 진행되고 있습니다. 물론 프리미엄 중대형차를 선호하는 소비자는 아직 많이 있으나 전체 물량 중 중형 미만의 차종이 늘어간다는 뜻입니다. 그 만큼 차량이 크고 무거우면 연비 및 친환경 요소에 불리할 수밖에 없습니다. 세제 기준도 불리하여 소비자는 경소형 차종으로 몰리게 된다는 뜻입니다. 그러면서도 소비자는 중대형차가 가지고 있던 각종 고급 옵션을 갖추기를 원합니다. 한마디로 프리미엄 경소형차를 원하고 있다는 것입니다. 최근의 경향을 보면 더욱 뚜렷해집니다. 차종의 허리 역할을 담당하는 준중형차와 중형차종을 보면 고급 차종에 포함되는 각종 안전장치와 편의장치가 포함되어 있습니다. 가격적인 측면에서 쉽게 적용하기 힘든 옵션입니다. 그래서 자동적으로 가격이 올라갈 수 밖에 없습니다.

경차의 경우도 그렇습니다. 국내 경차는 세 가지인데 이 중 한 가지 모델을 보면 중형차 이상에 포함되는 각종 옵션은 물론이고, 에어백이 6개, 시트 히팅 가능 등 경차 수준에서 생각지도 못하는 기능이 포함되어 있습니다. 그래서 차량 값도 1,500만원에 이릅니다. 경차가 경차가 아닌 경우이죠. 그러나 소비자는 좋아합니다. 소비자가 원하는 경향을 파악하여 개발한 차종이기 때문입니다. 이것이 현재 소비자의 경향입니다.

최근 세계적인 프리미엄 메이커인 벤츠의 경우도 앞으로 약 2년 내에 출시할 차종 10여 가지 중 약 60~70% 정도가 소형차종이라는 것입니다. BMW 등도 마찬가지입니다. 그 만큼 소비자의 차종 선택 기준이 점차 소형화로 옮겨가고 있습니다. 이러한 경향은 긍정적으로 판단하고 있습니다. 연료 절약측면에서 매우 유리하기 때문입니다. 여기에 에코드라이브를 통한 에너지 절약운전까지 진행한다면 효과는 배가될 것입니다. 그러나 서민의 입장에서는 옵션이 없는 기본 차종을 제공하여 선택의 폭을 넓혀주었으면 한다는 것입니다.

ECO

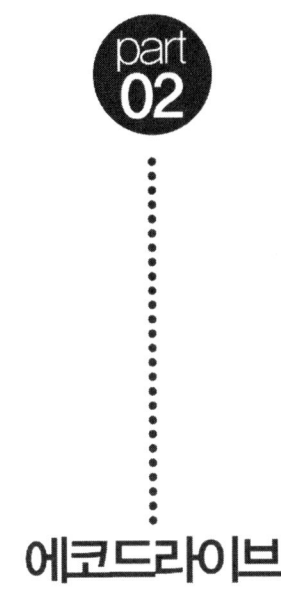

part
02

에코드라이브

DRIVE

01

연료 절약 고유가 시대,
에코드라이브로 절약하자.

|에 코 드 라 이 브|

최근 유가 상승이 상식 이상으로 높아지고 있습니다. 에너지의 97% 이상을 해외에서 수입하는 우리나라의 경우 국내 유가는 전적으로 국제 유가에 연동하여 상승할 수밖에 없습니다. 그러나 최근 국제 유가가 요동치면서 국내 유가는 고공 행진을 계속하고 있습니다. 자연히 서민은 부담이 될 수밖에 없습니다. 웬만하면 각 가구당 차량을 운행하다 보니 가구당 유지비 중 차량이 차지하는 유가가 부담이 될 수밖에 없습니다. 연간 차량 당 사용하는 유가 비용이 수백만 원은 넘습니다.

최근 유가 상승에 따라 유가 가격 체계에 대한 관심도 높아졌습니다. 물론 이중 절반은 세금이 차지하고 있습니다. 국가 정책상 유가를 낮추기는 어려울 것입니다. 결국 사용하는 유류비 중 본인이 절약하여 낮출 수밖에 없습니다. 그렇다고 차량 유지를 포기하고 오직 대중교통을 이용할 수도 없습니다. 상황에 따라 차량은 꼭 필요할 경우가 많아지고 있기 때문입니다. 방법은 차량 운행을 하면서 친환경 경제운전인 에코드라이브를 하는 수밖에 없습니다. 방법은 운전자들이 많이 알 것입니다. 에코드라이브 실천강령 10가지는 물론이고 갖가지 방법이 많이 소개되고 있습니다. 자신에게 맞는 방법을 몇 가지 만 이라도 찾아서 적극적으로 시행해본다면 분명히 효과가 있을 것입니다.

그리고 열심히 하면 할수록 효과는 배가됩니다. 중요한 것은 단순히 운전만 잘 하는 방법을 터득하는 것이 아니라 차량 관리에 대한 간단한 방법이라도 익히고 관심을 가지면 효과가 커진다는 것입니다. 그리고 역시 가장 중요한 것은 본인이 할 수 있다는 자신감입니다. 그리고 자신도 모르게 습관적으로 하던 습관이 운전 중 나타난다는 것입니다. 그래서 항상 생각하면서 한 템포 느리게 운전하는 방법을 익히고 절약 습관을 익혀 자신의 것으로 만드는 것이 중요합니다.

02

최근
최고의 관심사는
에코드라이브

| 에 코 드 라 이 브 |

     국내에 친환경 경제운전인 에코드라이브가 들어온 지 수년째에 접어들고 있지만 관심만 가졌지 그렇게 피부로 느낄 정도로 크게 부각되지는 못했습니다. 시민단체의 노력도 있었고 정부도 각종 홍보방법을 이용하여 대국민 캠페인도 일부 진행하였으나 아직 두드러진 결과는 없다고 할 수 있습니다. 물론 아직 정부 차원의 체계적이고 구체적인 방법도 부족하다고 할 수 있고 가장 큰 문제는 국민들이 아직은 차량에 대한 에너지 절약 등에 관한 필요성을 크게 느끼지 못한 부분도 있습니다.

     항상 언급하지만 우리는 전체 소모 에너지의 97%를 수입하고 있지만 에너지 낭비는 세계 최고 수준입니다. 물론 차량에서 소모되는 연료는 더욱 낭비되는 부분도 많습니다. 디젤차량보다 가솔린차량을 선호하고 자동변속기의 두드러진 보급, 급하고 거친 운전 등 나쁜 습관은 모두 가지고 이를 쏟아내고 있습니다. 그래도 조금이나마 다행인 점은 최근 이러한 부분이 조금씩은 변하고 아껴야 한다는 논리가 발생하기 시작했다는 것입니다.

현재 이러한 절약 논리는 더욱 거세질 것으로 판단됩니다. 바로 유가 문제입니다. 리터당 2,000원이 넘는 경우도 발생하고 있어서 이제 차량 운행에 대한 부담을 느끼기 시작했다는 것입니다. 당연히 가계비 중 크게 차지하는 차량 연료비를 줄이고자 하는 노력이 필요해지고 있고 관심도 크게 늘고 있습니다. 그래서 지금까지 효과가 부족했던 에코드라이브에 대한 관심도 높아지고 있습니다.

물론 아직 대국민 교육센터나 관련 홍보 자료 등 모든 것이 부족한 상태이나 관심도가 높아지는 만큼 관련 자료나 교육방법도 다양하게 마련될 것입니다. 그래서 올해가 어느 해보다 에코드라이브를 펼치고 효과는 보기에 좋은 시기입니다. 정부 차원에서는 에너지를 절약하고 이산화탄소 저감도 커지며, 국민 개개인은 연료비 절약으로 가계비에 도움이 되고 에너지의 중요성을 인식할 수 있는 좋은 방법이 될 수 있기 때문입니다. 모두가 노력하여 가시적인 효과가 나타나기를 기원합니다.

03

에코드라이브는
여러 가지 방법을 함께 해야
시너지 효과가 생긴다.

|에코드라이브|

고유가 시대에 걸 맞는 에너지 절약법이 많이 소개되고 있습니다. 일반 국민들 입장에서는 어떻게 하면 에너지 절약이 크고 가계비를 줄일 수 있는 지 고민하기도 합니다. 차량은 그 중에서 가장 고민해야 하는 대상 입니다. 최근에는 단기 낮은 주유소 찾기, 기드를 이용힌 에딕 빌기, 언료 반만 채우기는 기본입니다. 여기에 친환경 경제운전인 에코드라이브는 가 장 중시해야 할 과제입니다. 사람마다 운전하는 방법이 다르고 특히 자기 만의 운전방법은 항상 고정되어 있습니다. 수십 년 이상 운전한 사람이 많 으니 습관을 몸에 배어 있습니다. 그래서 에코드라이브를 통하여 운전습관 을 개선하기란 경우에 따라 여간 어려운 일이 아닙니다. 그래서 하나하나

무리하지 않고 배우기를 권하고 있습니다. 그래도 오래 걸립니다. 자신에게 맞는 에코드라이브 방법을 익혀 무의식적으로 구사할 정도로 습관화가 중요합니다. 사실 한 가지만 구사하여도 효과는 매우 좋다는 것을 알게 됩니다. 한주, 한달 사용한 연료를 자세히 보면 효과를 알 수 있습니다. 그러나 조금 더 노력하여 두세 가지 이상을 함께 구사하면 효과는 더욱 커지게 됩니다. 그래서 노력이 중요한 것입니다. 자주 기억이 나지 않으면 운전석 앞에 써 놓아도 좋습니다. 습관화 될 때까지 지속적으로 훈련을 하는 것입니다.

신호등 앞에서 자동변속기 레버를 N으로 하기와 공회전 시간을 줄이는 것도 필요합니다. 그리고 아침 출근 시간에 시동을 걸어 짧은 공회전을 통하여 차량을 워밍업 시키고 이 시간에 내려서 차량을 한 바퀴 돌면서 바퀴의 상태, 즉 타이어 공기압과 이물질 부착 여부를 보는 것입니다. 가끔 생각을 하여 트렁크를 비우는 작업은 굳이 자주 할 필요는 없습니다. 1년에 서너 번만 하여도 효과는 나올 수 있습니다. 상기한 방법 중 두세 가지를 묶어서 시도하는 것은 어떤지요. 자신을 가지면 어렵지는 않을 것입니다. 개인 운전자의 의지의 문제인 것입니다. 하루의 효과는 미미하나 모이면 생각 외로 크다는 것입니다. 매달 연료비 10% 정도만 줄어도 대단할 것입니다. 자신을 가지기 바랍니다.

04

에코드라이브 운동,
사회적 습관으로 승화시켜라.

|에코드라이브|

최근 가장 큰 관심을 가지기 시작한 친환경 경제운전인 에코드라이브 운동은 개인의 운전습관을 바꾸는 운동입니다. 그러다보니 무엇보다도 개인의 개선하고자 하는 의지가 가장 중요한 포인트입니다. 수년에서 수십 년간 운전한 습관을 짧은 기간 내에 바꾸기란 여간 어려운 일이 아닙니다. 그 만큼 쉽지 않다는 뜻과 같습니다. 그러나 기간이 오래 걸리더라도 지속적으로 노력하면 바뀌기 시작합니다.

가장 큰 문제가 급한 성격입니다. 우리의 운전은 급하고 거칩니다. 그러다보니 앞뒤 차의 간격이 너무 좁아 접촉사고도 많고 가다 서다를 반복하면서 에너지 낭비도 크게 됩니다. 당장 틈을 이용하여 차량 한 대라도 들어오면 난리가 나는 경우도 많습니다. 여유가 없는 것이죠. 이것부터 바꾸면 에너지 절약은 물론 교통사고도 줄어들 수 있습니다. 신호등 앞에 서 있는 경우에도 정지선을 지나 자꾸 나가려고 합니다. 신호등이 깜박거리기라도 하면 조금씩 나가면서 보행자를 위협하게 되고 사고의 가능성은 크게 됩니다. 그 만큼 여유가 없다는 것을 알 수 있습니다.

이 외에도 많은 사례를 통하여 우리는 고칠 것이 많습니다. 그래서 가장 대표적인 운동이 바로 여유 있는 마음 가지기입니다. 또는 한 템포 느린 운전하기도 좋습니다. 우선적으로 운전자의 마음부터 여유 있게 갖는 운동을 펼치는 것도 필요합니다. 최근 연비왕 선발대회나 에코드라이브 제대로 배우기 등 다양한 행사가 많아지고 있습니다. 주변에 이러한 운동은 분위기 환기에 큰 도움이 됩니다. 그 밖의 각종 행사도 좋은 효과가 있을 수 있습니다. 주변에 이러한 행사가 많으면 자연스럽게 에코드라이브에 관한 관심도 늘게 되고 직접 해보려는 시도도 늘게 됩니다. 항상 습관적으로 하면서 몸에 밴 운동으로 승화되어야 한다는 것입니다.

이러한 습관이 많아지면 여유 있는 운전도 가능하게 되고 양보도 늘게 됩니다. 이게 모이면 바로 에코드라이브를 통한 에너지 절약에 기여할 수 있습니다. 이를 위하여 정부는 물론 지자체, 기업들이 나서야 합니다. 그리고 각종 영상이나 홍보물도 나오면 더욱 효과는 배가됩니다. 그리고 국민들도 동참하면 최고의 효과가 나온다는 것이죠.

05

에코드라이브 활성화
모두가 함께 하면
시너지 효과가 생긴다.

|에코드라이브|

친환경 경제운전인 에코드라이브 운동은 현 시대에 연료를 절약할 수 있는 최고의 운동임에 틀림이 없습니다. 역시 개인의 운전습관을 개선시켜야 하는 만큼 개인의 참여 의지가 가장 중요합니다. 아무리 좋은 습관이 있어도 본인이 참가하지 않거나 의지가 약하다면 의미가 없기 때문입니다. 더욱이 항상 급하고 거친 운전의 경우는 무의식적으로 운전하면서 까맣게 에코드라이브를 잊어버릴 수도 있습니다. 그래서 더욱 에코드라이브는 일상 생활화가 필요하고 습관적으로 할 정도로 주변이 모두가 참여하는 공동운동으로 승화되어야 합니다. 그래야 효과가 남다르게 커지고 전체의 에너지 절감효과가 커지기 때문입니다.

최근 에코드라이브 운동이 고유가에 따라 더욱 관심의 대상이 되면서 참여하는 사람의 수가 늘어나고 있습니다. 특히 정부도 관심을 가지고 있어서 각종 캠페인성 홍보문구가 많아지고 있고 연비왕 선발대회 등 관련 행사도 많아지고 있습니다. 더욱이 큰 기업의 참여가 늘면서 일반인들의 관심이 더욱 높아지고 있습니다.

　　르노삼성차는 수년 전부터 에코 액션 플랜이라고 하여 에코드라이브 방법 중 중점적인 항목을 하나 정해서 일정기간 홍보하고 계몽하는 활동을 하고 있습니다. 일반인들도 초청하여 에코드라이브 교육은 물론 연비왕 선발대회 등 다양한 가족행사를 하여 높은 호응도를 나타내고 있습니다. 가장 좋은 활동임에 틀림이 없습니다. 이러한 에코드라이브 관련 행사는 큰 기업들이 체계적으로 정기적으로 진행하면 더욱 좋은 효과가 나타납니다. 회사의 이미지 제고는 물론 에너지 절감효과에 동참하여 전체적인 이미지 제고에 큰 기여를 하게 됩니다. 국내에 에코드라이브 운동이 소개된 지 4년째에 이르고 있지만 아직은 국민들에게 큰 효과는 가져올 정도의 홍보는 없었습니다.

　　최근의 이러한 활성화 움직임은 에코드라이브 운동에 큰 도움이 될 것이고 국민들의 참여도도 늘어날 것입니다. 역시 주변이 모두 참여하는 반복적인 에코드라이브 운동은 국민들이 무의식적으로도 에코드라이브를 실행하는데 큰 도움이 되기 때문입니다. 정부나 기업체는 물론 모두가 참여하는 에코드라이브 운동이 되어 시너지 효과가 크게 있었으면 합니다.

06

에코드라이브에
자신이 없으면
주변 환경 조성부터 하세요.

|에 코 드 라 이 브 |

차량 유지비를 낮추고자 하는 노력이 가일층 높아지고 있습니다. 고 유가 시대, 더욱 압박받고 있는 연료비는 가장 부담이 되는 부분입니다. 그래서 떠오르고 있는 것이 친환경 경제운전인 에코드라이브라고 할 수 있습니다. 그러니 에코드라이브는 개인의 운전습관을 비꾸는 것이라 사람에 따라 상당한 부담을 가지고 있는 사람도 있습니다. 실제로는 생각보다 쉬운데도 말입니다. 그러나 상황에 따라 부담을 많이 느낄 수도 있습니다. 굳이 운전하면서까지 고민도 하고 생각을 할 필요가 있나 할 수도 있을 것입니다.

이럴 경우 굳이 에코드라이브부터 시작을 하지 않아도 됩니다. 주변 차량 운행에 대한 환경을 개선시키는 것입니다. 유류를 넣는 방법을 고민하는 것도 괜찮습니다. 연료탱크에 약 5만 원 정도만 넣는 것도 괜찮습니다. 약 과반 정도가 될 것입니다. 그리고 눈금 하나만 남으면 다시 반만 보충하는 것입니다. 가벼운 만큼 절약할 수 있기 때문이죠. 그리고 당연히 저렴한 주유소를 미리 알고 주로 이용하는 것입니다. 물론 주변보다 너무 저렴하면 의심도 해야 합니다. 분명히 낮출 수 있는 비용에 한계가 있기 때문입니다. 한번이라도 유사 연료로 문제가 있던 주유소는 한번 의심을 하고 확인을 하는 것도 괜찮습니다.

그리고 함께 주유카드도 함께 이용하면 각종 포인트 등도 챙기면 금상첨화입니다. 혹시라도 길거리에서 판매하는 유사 연료는 절대로 금기 사항입니다. 차량을 버릴 수 있고 구입자도 처벌을 받을 수 있습니다. 단순한 행동이 큰 부담이 될 수 있습니다. 이 정도의 행동은 에코드라이브보다 시행하기에 괜찮습니다.

그리고 한 가지 더 한다면 타이어 관리를 권합니다. 타이어 관리는 에너지 절약에도 기여하지만 더욱 중요한 부분은 안전에 큰 역할을 한다는 것입니다. 시동을 걸기 전에 차량을 한 바퀴 돌면서 타이어 공기압과 타이어의 이물질 부착여부를 확인하는 것입니다. 그리고 정비업소에서 엔진오일 등을 교환할 때 꼭 타이어 상태를 확인하고 공기압 등을 보충하기 바랍니다. 안전이 보장됩니다.

07

3급 금지의 중요성
아무리 강조해도 지나치지 않다

|에코드라이브|

친환경 경제운전인 에코드라이브를 통한 에너지 절약은 이제 하나의 흐름이 되고 있습니다. 열심히 하는 만큼 효과가 크다는 사실을 누구보다 운전자는 잘 알고 있습니다. 그러나 우리나라의 운전자의 경우 급하고 거친 운전으로 인하여 에코드라이브를 통한 효과는 충분히 알고 있으면서도 막상 운전을 하게 되면 급한 성격으로 연료 절약은 남의 얘기가 되는 경우가 많습니다. 그래도 에코드라이브 실천 강령 10가지를 중심으로 자신에게 맞는 에코드라이브 방법을 찾아 열심히 하려고 하는 사람도 많습니다.

아무리 많은 방법이 있고 효과 또한 큰 방법이라고 하여도 가장 핵심적인 요소를 언급하라고 하면 아마도 3급 금지를 언급할 것입니다. 이른바 급출발, 급가속, 급정지를 하지 말자라는 것입니다. 말은 쉽습니다. 그러나 막상 몸에 밴 나쁜 습관을 생각하면 실천에 옮기는 것이 그리 쉽지 않다는 것을 알 수 있습니다. 항상 생각하고 실천에 옮겨야 하는데 운전할 때는 까막눈이 되는 경우가 많습니다. 우리는 양보에 약하고 설사 양보를 하면 항상 손해를 본다는 생각을 가지고 있습니다. 앞차와의 사이를 띄고 두 세대 차량을 끼워주면 뒤에서 난리가 납니다. 그리고 끼어든 차량이 아무 고맙다는 의사 표시를 한지 않으면 내가 왜 주었을까 하는 후회를 하기도 합니다. 물론 상대방에게서 어떠한 의사표시를 받고자 하는 것은 아니지만 마음은 그렇지 못합니다. 그러나 마음의 여유를 가져야 합니다. 남들이 의사 표시를 하지 않아도 나 자신은 항상 여유 있고 베풀어준다고 생각하면 그리 남들이 고깝지는 않습니다.

　　이것이 여유 있는 운전이고 한 템포 느린 운전인 것입니다. 우선 아침 출근 전에 10분만 마음의 여유를 가지고 시작하면 모든 것이 여유롭게 됩니다. 차량도 워밍업을 통하여 상태가 좋아지고 차량 둘레를 살펴보면서 예방차원의 점검도 가능합니다. 출근시간이 여유가 생겨 급한 운전이 많이 사라지고 음악도 들으면서 여유를 찾을 수 있습니다. 올해는 무엇보다 3급 금지에 대한 생각을 많이 하는 해로 생각했으면 합니다.

08

오늘 시행한 자신의 에코드라이브를 정리해보세요.

|에코드라이브|

최근 고유가는 전 세계의 자동차 산업과 문화의 방향을 바꿔놓고 있습니다. 우선 고연비 차량과 친환경차 요건은 기본이고 이를 위하여 차량 자체를 소형화로 바꾸는 방향 전환을 하고 있습니다. 그 만큼 중소형화의 움직임은 가장 중요한 흐름이라는 것이죠. 당연히 메이커에서는 고연비를 위한 각종 연구를 하고 있습니다. 적은 배기량으로 큰 힘을 내는 엔진 기술, 더 큰 강도에 연비를 높이는 차량 경량화 재료, 그리고 공기저항을 덜 받는 에어로 다이나믹 기술 등 다양합니다. 그러나 역시 아무리 좋은 차량이라고 하여도 엔진에서 바퀴까지 전달되는 과정에서 에너지 낭비는 심각합니다. 가장 큰 이유는 운전자가 낭비하는 습관 때문입니다. 결국 운전자

가 운전방법을 개선시켜 연료를 절약한다면 적게는 10%에서 크게는 50%까지 개선이 가능하다는 것입니다.

즉 친환경 경제운전인 에코드라이브가 필요한 이유입니다. 이미 전 세계적으로 20여 개국에서 에코드라이브를 하고 있습니다. 국가적이나 지자체 차원도 중요하나 가장 중요한 점은 개인이 노력하여 자신이나 가계에 도움을 직접 줄 수 있기 때문입니다. 물론 하루아침에 운전방법을 개선시키는 방법은 어렵습니다. 몸에 밴 운전방법을 개선시키기란 여간 어려운 일이 아닙니다. 당연히 노력하여야 하고 결과도 보아야 하지만 어느 순간에 자신이 원래의 운전방법으로 돌아간 사실을 깨닫기도 합니다.

특히 우리나라와 같이 운전방법이 급하고 거친 경우에는 더욱 그렇습니다. 아침 출근 시간에 약간이라도 시간에 늦으면 운전방법은 가장 급하게 됩니다. 이 때 에코드라이브는 불가능합니다. 여유가 없기 때문입니다. 우선 여유를 갖는 방법을 찾는 것도 중요합니다. 우선 약속시간보다 앞서 나가는 습관을 들이면 편하게 에코드라이브를 시도할 수 있습니다. 그리고 하나하나 시도하는 것입니다. 에코드라이브 실천강열 10가지 중 가장 하기 쉬운 방법을 생각하여 자주 해보면 결과는 쉽게 얻을 수 있고 그 크기에 본인이 놀랍니다. 자신감이 발생하는 것이죠. 그리고 하루 동안 시도해 본 에코드라이브를 정리해 보는 것입니다.

09

마음의 여유 그리고
에코드라이브

|에코드라이브|

다른 행동에 비하여 운전은 위험합니다. 한 번의 실수가 큰 사고는 물론 생명까지 잃을 수가 있기 때문입니다. 특히 고속으로 움직이는 자동차를 이용하는 관계로 순간의 실수가 치명적인 결과를 낳을 수 있습니다.

그래서 더욱 운전할 때는 전방 주시의 의무를 소홀히 하거나 필요 없는 행위를 자제해야 하는 이유가 있습니다. 그러나 쉽지 않습니다. 상황에 따라 급하게 되고 이때 차량 이동 시에는 어떻게 목적지에 이르렀는지 기억을 하지 못하는 경우도 종종 있습니다. 그 만큼 우리는 너무 각박하게 운전을 합니다. 아마도 세계에서 가장 급하게 운전하는 민족 중의 하나일 것입니다. 이 상태에서 한 템포 느린 운전의 미학을 강조하기란 쉽지 않습니다. 마음의 여유가 없기 때문입니다. 더욱이 연료를 아끼는 에코드라이브는 더욱 쉽지 않습니다. 그러나 언제까지 이렇게 급하게 살 수는 없습니다. 또한 당연한 결과로 나타나는 교통사고 지수를 항상 받아들일 수는 없습니다. 그래서 변해야 합니다. 선진국에 걸 맞는 변화를 일으키고 변화를 즐겨야 합니다. 최근 일어나는 각종 교통사고와 사망자는 결코 그냥 일어나는 사고가 아닙니다. 우리가 일으키고 동기를 제공하기 때문입니다. 역시 우리가 하기에 따라 이 지수를 낮추고 사망자도 없앨 수 있습니다.

그래서 더욱 마음의 여유가 중요합니다. 그리고 에코드라이브도 행해야 합니다. 이제는 의식적으로 바꿀 수 있도록 지속적으로 노력해야 합니다. 수년 이상 반복하면 분명히 효과는 나타날 것입니다. 바로 그 변화를 기대하지는 않습니다. 그 동안 숙달된 스타일을 바꾸기란 여간 어려운 일이 아니기 때문입니다. 정부나 지자체 및 시민단체 그리고 국민이 하나가 되어 노력하면 머지않아 조금씩 변화가 일어날 것입니다. 그리고 어느 시점에서 확 변한 우리의 스타일을 확인할 수 있을 것입니다. 결과는 모든 것이 말해줄 것입니다.

에코드라이브의 효과인 에너지 절약과 이산화탄소 저감 그리고 부수적으로 그 동안 지긋지긋하게 존재하였던 교통사고 지수의 하락입니다. 마음의 여유가 이렇게 큰 일을 할 수 있습니다. 조금은 한 템포 느린 여유를 찾기 바랍니다.

10

에코드라이브 운동,
저탄소 녹색 성장의
기반이 되어야 하는 이유

|에코드라이브|

친환경 경제운전인 에코드라이브 운동의 결과는 에너지 절감과 이산화탄소 저감입니다. 세계 20개국 정도가 각 국가의 특성에 맞추어 이 운동의 활성화에 심혈을 기울이고 있습니다. 모두가 열심입니다. 특히 점차 지구의 온난화가 문제가 되면서 가장 큰 원인인 이산화탄소 문제가 더욱 심각해지면서 이를 줄이기 위한 노력을 본격적으로 시작했습니다. 이미 전 세계적으로 각 국가별로 2015년 자동차 연비 기준과 온실가스 기준을 발표하여 미리부터 대비를 시작했습니다.

우리도 마찬가지로 많은 준비를 하고 있습니다. 전체적으로는 '저탄소 녹색성장'이라는 기치 아래 각 분야별로 노력하고 있습니다. 가장 효과가 크다는 수송 분야의 노력은 필수적입니다. 산업적 분야의 노력은 경제 성장에 방해가 될 수 있는 요소가 많은데 비하여 수송 분야는 생각 외로 효과가 크기 때문입니다. 이 노력에는 전기자동차나 하이브리드 자동차와 같은 친환경 자동차의 보급을 비롯하여 공회전 제한장치의 대중교통 공급 등 다양한 방법이 있습니다.

또한 우리가 항상 강조하는 에코드라이브 운동은 더욱 중요한 방법입니다. 우리나라는 약 97%의 에너지를 해외에 의존하면서도 에너지 소모율은 세계 최고수준입니다. 그 만큼 문제가 많다는 것입니다. 이미 해외에서 입증되어 전 세계적인 운동을 승화되고 있는 에코드라이브 운동은 에너지 절약과 이산화탄소 저감이라는 근본 목적 외에 한 템포 느린 운동으로 교통사고도 줄일 수 있는 일석 삼조의 효과가 있다는 것입니다. 조금만 노력하면 다른 나라에 비하여 훨씬 높고 효과적인 결과가 도출될 것이라고 확신합니다.

이 에코드라이브 운동은 다른 분야로의 파급효과도 뛰어날 것입니다. 에너지 절약의 모델을 제시하면서 몸에 뵌 습관이 자연스럽게 다른 분야로 확대될 수 있다는 것입니다. 그 만큼 '저탄소 녹색성장'의 토대가 될 수 있다고 보는 이유입니다. 지금의 문제가 무엇인지 확인해보고 확실한 노력이 필요할 것입니다.

11

에코드라이브,
할 수 있다는 자신감이 중요하다.

|에코드라이브|

친환경 경제운전인 에코드라이브는 개인의 운전습관을 경제적으로 바꾸는 운동입니다. 물론 경제적인 방법이 많이 있으므로 이를 습득하여 자신의 것으로 만드는 것이 우선입니다.

특히 자신에게 맞는 운전방법을 찾아 되도록이면 무의식적으로 사용할 때까지 습관화시켜야 합니다. 그러나 손발의 움직임에 앞서 무엇보다도 운전자의 마음가짐이 우선입니다. 할 수 있다는 자신감, 결과에 대한 확신 등 우선 마음부터 다스려야 효과가 커집니다. 부정적인 마음을 가지고선 아무리 노력하여도 제자리에 그치기 때문입니다.

미국의 에코드라이브 방법 중에는 '할 수 있다는 확신을 가져라'라는 항목이 있습니다. 시행하기에 앞서 운전석에 앉으면 마음을 다스리는 방법을 인지하라는 뜻입니다. 아무리 좋은 에코드라이브 방법이 있어도 확신을 가지고 신념하에 운전하는 사람과는 같은 조건에서도 확연하게 차이가 나게 마련입니다. 누군가가 에코드라이브를 하여 약 25%의 연비 절감이 되면 이를 믿고 열심히 따라하고 자신의 운전 실력을 경제성으로 무장한 실력으로 바꿀 수 있다는 확신입니다.

특히 자신에 대한 믿음입니다. 누군가는 말합니다. '나는 하는 일마다 안돼'. '과연 내가 할 수 있을까?' 하는 자신을 불신하는 발언입니다. 자신감으로 충만하면 시너지 효과까지 나타날 수 있습니다. 특히 집중도가 높아지면서 방법에 대한 습득 능력도 뛰어나고 빠른 시간 내에 갖가지 방법을 익힐 수 있습니다. 에코드라이브를 할 수 있게 주변 환경을 바꾸어주거나 정부 차원의 에코드라이브 인센티브제가 마련되어도 결국은 모든 것이 운전자의 마음으로 결정되기 때문입니다. 이러한 자신감을 심어주는 내용이나 방법은 정부나 지자체가 하는 일입니다. 에코드라이브를 하고 있거나 하고자 하려고 노력하는 사람은 우선 자신감부터 키우는 작업을 하는 것도 아주 중요한 일입니다.

12

한 템포 느린 운전인
에코드라이브
더욱 중요해진다.

|에코드라이브|

친환경 경제운전인 에코드라이브는 한마디로 얘기하면 한 템포 느린 운전입니다. 한 템포 느리게 운전하면 여유가 생기고 무리하지 않게 차를 운행하고 주변의 환경을 조기에 인식하여 사고도 미리 예방할 수 있습니다. 그린 우리는 마음이 너무 급하고 거칠게 운전합니다. 다른 외국에 비하여 에코드라이브가 쉽지 않다는 것을 알 수 있습니다.

한 가지 대표적인 예가 바로 예전에 발생한 사고입니다. 인천대교 톨게이트를 지나서 발생한 안전사고로 12명의 아까운 생명이 사라졌습니다. 고속도로 한 가운데에 서있는 경차를 미처 보지 못하고 고속버스가 피하다가 다리 밑으로 추락한 경우입니다. 이 경우 고장난 경차의 뒤에 안전

삼각대를 설치하지 않아 버스 운전자가 미처 보지 못한 것입니다. 매우 안타까운 일입니다. 문제는 안전 삼각대 같은 기본 준비물도 없는 것이 가장 큰 이유기도 하지만 운전자가 기본적인 안전조치를 취하지 않았다는 점. 그리고 버스 운전자가 급하지 않게 조금만 생각하였다면 이 정도의 참변은 피할 수 있었다는 것입니다. 모두가 급해서 나타난 대표적인 인재입니다. 그래서 더욱 한 템포 느린 에코드라이브가 아쉬운 부분입니다.

우리는 운전 시 너무 급하게 앞차의 뒤를 따라갑니다. 앞차가 사고가 발생하면 당연히 뒤차도 발생하게 되는 구조입니다. 특히 여러 대가 차간격을 유지하지 않고 좁은 간격으로 동시에 지나가는 모습을 종종 볼 수 있습니다. 목숨을 내놓고 하는 운전이나 다름이 없습니다. 그래서 이러한 안전사고는 에코드라이브만 하면 미연에 방지할 수 있습니다. 에코드라이브의 목적이 에너지 절감이나 이산화탄소 저감에 있으나 한 템포 느린 운전을 통하여 교통사고도 예방할 수 있는 일석삼조의 효과는 아무리 강조해도 지나치지 않습니다. '한 템포 느리게'의 중요성을 인식하기 바랍니다.

13

한국형
에코드라이브 운동이
필요하다

| 에 코 드 라 이 브 |

　　최근 유가 상승에 따른 부담이 차량의 연료절감 운동으로 확산되고
있습니다. 그 중에서도 친환경 경제운전인 에코드라이브가 대표적입니다.
즉 개인의 운전방법을 개선하여 낭비되는 운전습관을 없애는 에너지 절약
운동입니다. 이 운동이 도입된 지 0년째에 이르고 있으니 추상적인 운동민
을 알려주고 있고 구체적인 움직임은 적은 실정입니다. 그나마 환경부와
국토해양부의 에코드라이브 포탈사이트가 운영 중에 있으나, 홍보도 부족
하고 국민적 관심사도 적은 실정입니다. 개인의 운전습관을 개선시키는 운
동이라 동기 의지가 부족하면 그리 실천하지 않는다는 것입니다.
　　더욱이 현재로서는 추상적이고 각자 알아서 실천하여 에너지 절약

에 동참하라는 취지이외에는 없다는 문제점이 있습니다. 주거지 근처 교육을 받을 수 있는 기관도 없고 실천하여 개인의 에너지 절약 이외에는 특별한 인센티브도 없습니다. 따라서 개인적으로 에너지 절약에 대한 의지가 부족하면 굳이 동참할 필요가 없습니다. 그래서 더욱 우리 실정에 맞는 에코드라이브 방법이 필요한 것입니다. 이미 일본이나 영국 등 우리보다 먼저 에코드라이브를 시작한 선진국은 나름대로 자신에게 맞는 운동방법을 찾아 적극적이고 신뢰받을 수 있는 운동을 펼쳐 소기의 성과를 이루고 있습니다. 특히 대부분의 국민이 이 운동을 알고 실천하고자 하는 의지를 가지고 있다는 것이 가장 큰 무기라고 할 수 있습니다. 이에 비하여 우리는 매우 약합니다.

정부의 의지도 약하고 무엇부터 시작하여야 할지, 어떤 방향으로 해야 할지도 혼동을 일으키고 있습니다. 정부 부서끼리도 조화보다는 대결의 양상을 가지고 있어서 더욱 아쉽습니다. 그래서 더욱 우리만의 한국형 에코드라이브 모델이 절실히 필요합니다. 이미 정부에서는 각 영역별 이산화탄소 저감량을 발표하였고 특히 수송용 가정용 에너지에 초점을 맞추고 있습니다. 그 만큼 이 분야는 낭비도 심하지만 노력 여하에 따라 충분히 에너지를 줄일 수 있다는 뜻이기도 합니다. 지금부터라도 정부, 지자체, 국민이 혼연일체가 되어 노력해야 합니다.

14

고연비 자동차만 믿지 마시고
에코드라이브 하세요.

|에 코 드 라 이 브 |

최근 자동차의 특징은 고연비 친환경 자동차라는 것입니다. 2~3년 사이에 쏟아진 자동차는 어느 정도 이상의 고연비를 자랑합니다. 물론 올해 출시된 자동차는 또 다릅니다. 그 만큼 최근의 자동차 기술발전 속도가 남다르게 다르다는 특징이 있습니다

특히 소비자들이 찾는 자동차는 신차 구입 요건으로 첫 번째가 고연비를 생각하는 경향이 늘고 있습니다. 당연히 메이커는 신차 개발에 고연비 특성을 고민하게 됩니다. 특히 소형화 추세가 커지면서 가솔린 자동차의 경우도 리터당 15Km를 넘는 차량은 기본입니다. 디젤차량은 20Km 정도가 됩니다. 또한 친환경차의 대표 기종인 하이브리드차의 경우 25Km를

넘는 경우도 많습니다. 그래서 운영하고 있는 차종이 너무 오래되었을 경우 아직 내구성이 좋더라도 유류비가 너무 많이 소요되면 교체를 생각해도 괜찮다는 것입니다. 생각 이상으로 비용 절약이 될 것입니다. 문제는 너무 고연비 차량이어서 그냥 무의식적으로 운영하는 사람이 많다는 것입니다. 아무리 연비가 좋은 차량이라고 하여도 운전자의 운전방법이 거칠고 급하면 연비를 급격하게 나빠집니다.

최근 공인연비의 허구와 운전습관을 생각하면 연비가 반으로 떨어지는 차량도 즐비합니다. 리터당 20Km이면 실제로는 10Km만 운영된다는 뜻입니다. 당연히 연료비는 두 배가 됩니다. 가장 중요한 것은 고연비 차량에 걸맞게 운전방법도 친환경 경제운전인 에코드라이브를 함께 하라는 것입니다. 최근의 차량은 고연비와 함께 각종 에너지 절약장치가 탑재되어 있는 경우가 많습니다. 최대한 이 장치들을 이용하면 더욱 연료 절약이 됩니다. 잘만 하면 고연비 특성과 함께 에코드라이브로 인한 연료 절약까지 가미되어 최고의 효과가 나올 수 있습니다. 경우에 따라 리터당 30Km에 이르는 효과도 나올 수 있습니다.

당장 한 달간의 연료비를 비교하여 보면 자부심은 물론 할 수 있다는 자신감도 생길 것입니다. 이것이 바로 에코드라이브입니다. 주어진 조건을 최대한 극대화하여 에너지를 절약하고 또 노력하는 것입니다. 여기서 안전은 기본입니다.

15

이륜차 활성화를 통한
에코드라이브가 필요하다.

|에 코 드 라 이 브|

　　국내 이륜차 산업은 부정적인 인식이 강하고 사회적으로도 부정적으로 보아 활성화가 되어 있지 못합니다. 따라서 이륜차 산업은 도태되기 일보 직전이고 이륜차 문화는 후진적이고 선진형과는 거리가 멀다고 할 수 있습니다. 모든 것 자체가 부정적인 것이 연속입니다. 이륜차 사용신고제도부터 보험제도, 검사제도, 정비제도, 폐차제도 등 모든 것이 후진적이거나 아예 없는 경우가 많습니다. 아이들이 이륜차를 타기라도 하면 죽는다고 생각하기 일쑤입니다. 선진국은 그렇지 않습니다. 상대적으로 사고가 더 많은 것도 아니고 문제가 있는 것도 아닙니다. 결국 인간이 만들어놓고 이륜차에 없는 죄를 덮어씌우고 있는 형태가 바로 우리입니다.

결국 이륜차를 사용하는 것은 우리가 어떻게 만드느냐에 달려 있습니다. 8.15 광복절 폭주족도 이륜차의 문제가 아닌 청소년의 문제이고 퀵서비스의 문제도 이륜차의 문제가 아닌 퀵서비스업에 대한 문제이기 때문입니다. 시각이 아주 잘못되어 있습니다. 그리고 이륜차 문제가 나오면 외면하기 일쑤입니다. 1997년 IMF이전에는 연간 국내 판매가 약 29만대에 이르러 활성화되어 있었습니다. 그 이후 계속 줄어들어 지금은 12~13만대 수준입니다. 여기에 중국산 이륜차와 수입 고가 이륜차가 더해지면서 국내 이륜차 산업은 위기로 치닫고 있습니다.

가장 큰 책임은 정부가 의지를 가지고 이륜차 산업에 소홀히 한 것이고 이륜차 문화를 업그레이드 시키고자 하는 의지 자체도 적었기 때문입니다. 지금도 제도가 손을 댈 수 없을 정도로 엉망이라고 할 수 있습니다.

최근과 같이 친환경 경제운전인 에코드라이브를 통하여 에너지 절약에 대한 관심이 높은데 바로 이륜차는 이러한 연비측면에서 최고의 장점을 가지고 있습니다. 그럼에도 일반 자동차에 모든 것을 올인하고 있습니다. 일본의 경우 이륜차의 천국이죠. 친환경 이륜차도 물론이고 전기 배터리를 겸용할 수 있는 일반 자전거도 많이 보급되어 있습니다. 가격도 저렴하여 부담도 없습니다. 이제는 인식이 바뀌어져야 하고 내 일이라 판단하고 적극적으로 나서는 길밖에 없습니다.

16

에코드라이브는
어떤 자동차에도 적용 가능하다.

|에코드라이브|

    친환경 경제운전인 에코드라이브는 운전방법을 개선시켜 연료를 절약하는 최고의 운동입니다. 어느 누구나 운전방법에는 단점이 있습니다. 처음 운전을 할 때 어떤 방법이 좋은 운전방법인지 가르쳐 주지 않아 본인외 운전방법이 어떤지 가늠할 수가 없습니다. 에코드라이브 방법은 최근에 제시되어 더욱 자신의 운전방법에 대한 개선방법이 제시되지 못했습니다. 그 만큼 지금 개인의 운전에는 낭비되는 연료가 많다는 뜻입니다. 제대로만 배운다면 적게는 10%에서 많게는 50%까지 줄일 수 있습니다. 고유가 시대인 만큼 적지 않은 유지비 절감이 될 것입니다. 이러한 에코드라이는 어떤 차량에도 적용할 수 있다는 것입니다.

최근 부각되고 있는 친환경 자동차도 예외는 아닙니다. 그러나 적용 방법이 조금씩 다를 것입니다. 하이브리드차는 제동을 할 때 회생제동을 하여 에너지를 회생시키는 장치가 있어 낭비되는 에너지를 차량 자체가 회수하는 기능이 있습니다. 동시에 정지하고 있을 때 엔진이 자동 정지되어 그 만큼 공회전 낭비를 줄여줍니다. 일반차량에 적용하는 공회전 정지나 가다서다에 낭비되는 에너지가 일부 회생되어 운전자가 하지 않아도 되는 부분이 있습니다. 이제야 시작이지만 전기차의 경우는 아예 엔진과 변속기가 없습니다. 따라서 정지 시에는 소모되는 전기에너지 자체가 없습니다. 따라서 퓨얼 컷 등의 방법은 적용하지 않아도 됩니다. 가동 시에 전기에너지를 이용하여 모터를 돌리기 때문입니다.

　　그러나 차량을 가볍게 하거나 타이어 공기압을 적정하게 채우거나 차량관리를 철저히 하는 등의 요건은 같습니다. 상당 부분 그대로 적용하면 그 만큼 에너지를 절약될 수 있습니다. 그러나 석유자원이 존재하는 한 지금의 가솔린차와 디젤차는 사용하게 됩니다. 친환경차에 대한 관심이 많으나 10년 후에도 약 80% 이상은 가솔린차와 디젤차가 차지한다는 것입니다.

　　이러한 차량은 역시 운전자의 운전방법을 개선하는 에코드라이브가 최고의 절약방법이라는 이라는 것입니다. 이제 에너지 절약은 선택이 아니라 필수입니다.

17

실제 에코드라이브 실천 효과는
연비 약 17% 향상

|에코드라이브|

친환경 경제운전인 에코드라이브의 효과는 운전자의 운전방법을 개선시키는 방법으로 개인마다 효과는 남다를 수밖에 없습니다. 적으면 약 10%, 많으면 50%까지 연비가 개선되는 사람도 있습니다. 최근에 실제로 에코드라이브 교육을 받고 개선된 효과를 확인한 결과가 발표되었습니다.

특히 에코드라이브 방법은 여러 가지가 있으나 운전 시 경제속도를 지키고, 급출발·급가속을 하지 않는 등 기본적인 에코드라이브를 실천하게 되면 연비를 17%쯤 향상할 수 있는 것으로 나타났습니다. 이 같은 사실은 국토해양부가 교통안전공단에 위탁해 2,167명을 대상으로 에코드라이브 교육을 실시한 뒤 그 효과를 분석한 결과입니다. 이번 분석 결과에 따르면, 교육 이수 전 참가자들의 평균연비는 10.51㎞/L이었으나, 교육 이수 뒤 평균연비는 12.34㎞/L로 교육 전보다 17.4% 개선효과를 보였습니다.

참가자들이 2.6㎞를 주행할 때 평균 CO_2배출량은 교육 전 591.12g이었으나 교육 뒤에는 495.64g로 16.1% 감소한 것으로 나타났습니다. 하루 평균 60㎞를 주행한다면 1년에 휘발유 309L를 절감할 수 있으며, 이를 돈으로 환산하면 55만6,200원(1L당 1,800원 기준)을 절약하는 셈입니다. 최근 기준 등록자동차 약 1,860만 여대가 모두 에코드라이브를 실천하면 1년에 10조억 원 이상을 절약할 수 있는 것입니다. 더욱이 우리나라와 같이 에너지 소비증가율이 세계 1,2위권인 것을 감안하면 대단한 효과인 것을 알 수 있습니다.

그러나 아직 국가적인 차원에서 에코드라이브를 체계적으로 교육시키고 확인할 수 있는 전국적인 교육시스템은 없는 실정입니다. 상기한 효과는 위해서라도 하루속히 체계적인 에코드라이브 시스템이 구축되기를 바랍니다.

18

초보 운전자가 할 수 있는
에코드라이브

|에코드라이브|

친환경 경제운전인 에코드라이브는 개인의 운전방법을 개선시켜야 에너지를 절약할 수 있습니다. 그러나 개인의 운전방법을 개선시키기 위해서는 일반적인 운전방법은 눈을 감고 운전할 정도로 습관화가 되어 있는 상태를 말합니다. 운전방법은 미리 알고 있는 상태에서 에코드라이브를 추가하여 시행할 수 있기 때문입니다. 물론 기본적인 몇 가지 에코드라이브는 상관이 없습니다.

그러나 운행 상의 경우에는 신경을 운전에 쓰다 보니 에코드라이브는 사치에 불과한 경우가 많습니다. 안전하게 운전하는 것 자체가 어렵기 때문이죠. 이렇게 처음 운전을 하는 초보 운전자의 경우 에코드라이브 방법에는 어떠한 것이 있을까요?

처음인 만큼 잘 익숙하게 습관화시키면 좋은 습관으로 자리매김하고 최고의 운전기술을 익힐 수 있습니다. 우선 겸양에 대한 운전방법을 터득하게 된다는 것입니다. 그래서 초보 운전자의 경우 운행 상의 방법보다는 그 이전의 방법을 권장하고 싶습니다. 예를 들면 아침 출근 시에 미리 차량의 타이어 공기압 등을 인지하고 한 바퀴 돌아보는 습관을 익히며, 겨울철의 경우 약 2~3분의 워밍업과 서서히 출발하는 습관입니다. 특히 눈길이나 빙판길이 많으므로 서서히 움직이므로 이 또한 초보 운전자에게 맞는 운전방법입니다.

그리고 필요 없이 공회전을 하지 않는 방법도 좋습니다. 물론 미리부터 트렁크에 필요 없는 물건을 내려놓고 차량을 가볍게 해주는 방법도 좋습니다. 연료량은 약 반만 채우고 다니는 습관도 좋습니다. 에코드라이브 실천강령 10가지 중 굳이 운행 상의 방법을 모두 제쳐놓고 나머지 방법을 모두 구사하는 것입니다. 이것이 모이면 그래도 효과는 남다르게 차이가 납니다.

가능하면 운전할 때 양보하는 것도 좋습니다. 무리하지 않게 서서히 움직이면서 양보하고 습관화시키면 나중에 큰 도움이 됩니다. 그리고 후에 전체적으로 주변을 확인할 수 있는 시야도 생깁니다. 특히 겨울철 초보 운전자는 눈길이나 빙판길 등 예기치 못한 길이 많으므로 주의에 주의를 하고 대중교통도 종종 이용하는 것도 괜찮습니다. 그리고 봄을 맞이하는 것입니다.

19

나의 단점 개선이 바로 에코드라이브

|에코드라이브|

모두가 자신의 운전상의 문제를 알고 있습니다. 이론적으로는 베스트 에코드라이버 이상의 실력을 갖추고 있다고 생각하지만 실제로 운전을 하게 되면 '워리어 수준'의 죽고사는 운전상태가 되는 사람이 의외로 많습니다. 그 만큼 험악하고 거칠게 운전을 한다는 것입니다. 당연히 연비가 나쁘고 배기가스도 많이 배출하게 됩니다. 우리가 항상 언급하는 에코드라이브는 절대로 될 수 없다고 하겠습니다. 결국 자신의 운전상의 단점을 속속들이 알고 있다는 뜻입니다.

다시 말하면 자신의 문제점을 인식하고 고쳐야 할 점들을 느끼고 있는 뜻인 만큼 연비 상승의 방법도 인지한다는 뜻입니다. 항상 언급하는 에코드라이브 실천강령 10가지 이상의 효과를 볼 수 있는 요소를 확인할 수 있다는 것입니다. 어떤 사람은 급출발, 급가속, 급정지라는 3급을 보편적으로 하는 사람도 많을 것이고 신호등 앞에서 찔끔찔끔 앞으로 나가는 버릇도 있을 것이며, 괜히 브레이크를 심심찮게 하거나 경음기를 항상 울리는 사람도 있습니다. 그리고 낭비가 심하다는 공회전을 대기하면서 지속적으로 하는 사람도 생각 외로 많습니다. 당연히 공회전은 여름철 에어컨과 겨울철 히터사용 때문에 주로 하게 됩니다.

그리고 트렁크에 계절별 용품을 가득 실어 스페어 타이어 자체를 꺼내기 힘들 정도로 심한 사람도 있습니다. 이러한 특성을 가진 사람은 간단히 무엇을 정리하고 다듬어야 하는 지 쉽게 숙지할 수 있습니다. 그리고 분명한 것은 이러한 단점은 누구나 한두 가지 이상을 가지고 있다는 것입니다. 마음만 먹으면 쉽게 고칠 수 있습니다. 물론 한두 번에 고칠 수는 없지만 지속적으로 노력하면 무의식적으로 수정할 정도가 됩니다. 그러면 나중에 최고의 베스트 에코드라이버가 되어 있을 것입니다.

20

에코드라이브 세미나,
문제점과 개선방향을
동시에 모색한다.

| 에 코 드 라 이 브 |

친환경 경제운전인 에코드라이브는 에너지 절약을 위한 최고의 운동입니다. 그러나 오직 개인의 운전습관을 개선시키고자 하는 의지가 중요하므로 이를 위한 방법 모색이 중요합니다. 특히 현재 지니고 있는 문제점과 현장에 맞는 방법 모색은 더욱 중요합니다. 우리의 경우도 지난 2008년 에코드라이브가 국내에 유입되었으나 아직 정부 차원이나 지자체 차원의 대안은 미미한 실정입니다.

즉 이제 시작이라는 것입니다. 국민 개개인에게 할 수 있는 각종 방법 제시는 매우 중요하여 포탈사이트나 영상 자료 제공, 거점 교육센터 마련 등 다양한 방법을 생각할 수 있습니다. 그러나 그 이전에 전문가들이 각종 아이디어를 만들고 기존 문제점을 개선시키고자 하는 자리마련은 더욱 중요합니다. 아마도 이런 자리는 에코드라이브 세미나나 포럼, 컨퍼런스 등 다양한 방법을 생각할 수 있습니다. 국내에서도 매년 이러한 세미나가 종종 개최되고 있으나 아직은 미미한 실정입니다.

예전에도 서울시에서 주관하는 에코드라이브 세미나가 개최되었습니다. 여기에서는 지난 6개월 동안 택시 60대에 에코드라이브 인디케이터를 탑재하고 교육을 하여 이전과 이후의 에너지 절감을 비교하는 결과에 대한 발표도 있었고 환경부에서 곧 오픈 예정인 포탈사이트의 소개, 그리고 에코드라이브 운동을 국내 최고의 IT인프라망을 기반으로 페이스북이나 트위터 등을 이용하여 홍보하는 방법 등에 대한 발표가 있었고 토론이 있었습니다. 동시에 기존의 문제점 등을 제시하면서 개선 방향에 대한 대안도 제시되면서 바람직한 토론시간이 진행되었습니다.

이러한 흐름은 향후 국내 에코드라이브 운동이 세계의 대표 모델이 될 수 있는 기반을 형성할 것을 믿어 의심치 않습니다. 국내의 흐름이 수년 이내에 세계 최고의 에코드라이브 운동으로 승화되었으면 합니다.

21

에코드라이브
효과가 큰 것부터 정리하기

| 에 코 드 라 이 브 |

친환경 경제운전인 에코드라이브는 자신의 운전습관을 개선시키려는 노력이 무엇보다 중요합니다. 이러한 에코드라이브 방법에는 수십 가지가 있어서 본인에게 맞는 방법을 우선 찾아 시행해보는 것이 필요합니다. 물론 에코드라이브 실천 강령 10가지에 대부분이 중요한 항목이 있으나 다른 방법도 많으므로 옥석을 가리는 것이 필요합니다. 그리고 자신에게 맞는 방법을 효과가 큰 것부터 나열하여 시행하면 에너지 절감효과는 더욱 크게 발생합니다.

에코드라이브 주관부서인 환경부에서도 이미 에코드라이브 실천 강령 10가지를 선언하고 홍보 중에 있으나 아직 체계적이고 피부에 와 닿는 방법은 미흡한 실정입니다. 물론 이번에 환경부에서 포탈사이트나 영상 교육자료, 책자 발생 등 다양한 방법을 이미 발표하거나 준비하고 있어서 운전자가 와 닿은 에코드라이브가 되리라 확신합니다. 그 중에서 환경부에서 에코드라이브 실천 강령 10가지를 다시 정리하였습니다. 꼭 10가지가 아닌 에코드라이브 실천 항목 정도로 이해하면 좋을 듯합니다. 이번에 정리하면서 용어도 훨씬 국민에게 와 닿는 방법을 인용하고 특히 에코드라이브 효과가 큰 항목부터 나열되었습니다. 급출발, 급가속, 급정지 등 이른바 3급 방지나 정속도의 중요성, 연료차단기능인 퓨얼컷 기능, 자동변속기 D와 N의 사용법 등은 에너지 절감효과가 큰 항목 들입니다.

　　이 중 한두 가지만 습관화시켜도 효과가 큰 만큼 국민들이 만족도를 높일 수 있는 항목이라고 판단됩니다. 물론 이 방법은 단순한 홍보방법을 사용하는 것이 아니라 앞서 언급한 영상이나 책자 등이 보완되어 국민에게 다가갈 것입니다. 여기에 곧이어 구축할 예정인 전국 거점 교육센터까지 문을 연다면 국민 개개인이 와 닿은 에코드라이브는 쉽게 활성화될 것으로 확신합니다. 정부의 에코드라이브 효율성과 더불어 개개인의 효율성을 가진 에코드라이브 항목을 정리하는 것도 괜찮으리라 판단됩니다.

22

예방점검이
결국 차량 유지비를 낮춘다.

|에코드라이브|

　최근 유행하는 친환경 경제운전인 에코드라이브의 장점은 역시 개인의 운전방법을 개선시켜 연료를 절약하는 것입니다. 노력 여하에 따라 수십 % 이상의 연료를 절약할 수 있습니다. 그리고 이것이 가계비를 절약하는데 크게 기여할 수 있습니다. 그래서 에코드라이브의 각종 방법을 익히고 숙달시키기 위하여 노력하는 운전자가 주변에는 많다고 할 수 있습니다.

　그러나 꼭 운전방법만을 개선시키는 것이 에코드라이브의 모든 것은 아닙니다. 그래서 환경부에서 권장하는 실천 강령 10가지에는 정기적인 차량 점검이 있는 것입니다. 미리부터 차량의 상태를 확인하고 문제가 무엇인지 확인하여 조치를 취하는 것은 비용을 아낀다는 측면도 많지만 차량의 내구성이나 연비성까지 좌우하는 중요한 요소이기 때문입니다. 물론 미리부터 차량의 문제점을 확인하기라 쉽지가 않습니다. 운전자의 차량의 상태를 확인하는 감각도 중요합니다. 평상시에 들리지 않던 소리나 진동 등 느낌이 중요하고 차량 바닥 등에 흘리는 오일이나 기타 이물질은 없는 지도 중요합니다. 그래서 자주 들여다보고 자주 확인하는 것입니다.

물론 이것으로 모든 것을 알 수는 없습니다. 보이지 않는 부분이나 전조가 없이 갑작스럽게 고장이 나는 경우도 많기 때문입니다. 그래서 종종 단골 정비 업소에 가서 차량을 리프트에 띠워놓고 확인하는 것입니다. 대부분의 문제점이 노출되고 조치를 취할 수 있습니다.

특히 소모품은 교체하여 미리부터 조치를 취하는 것이 좋습니다. 엔진오일, 브레이크 오일 등 각종 오일은 물론이고 필터 등도 교체 대상입니다. 냉각수 점검과 교체도 등도 매우 중요합니다. 정기적으로 배터리 교체나 벨트 등도 항상 신경을 쓰고 들여다보아야 합니다. 생각지도 않게 차량에 문제가 발생하여 많은 비용을 수반하기도 합니다.

힘들게 에코드라이브를 통하여 아낀 연료비가 정비비로 한순간에 날아갈 수 있습니다. 이미 생활화된 독일 등 유럽의 예방 정비를 이제는 필요로 하고 있습니다. 우리의 자동차 관리도 당연히 예방정비로 나아가야 합니다.

23

에코드라이브는
반복 교육이 중요하다.

| 에 코 드 라 이 브 |

친환경 경제운전인 에코드라이브는 운전방법을 개선시켜 에너지를 절약하는 최고의 운동임에 틀림이 없습니다. 물론 방법은 다양합니다. 에코드라이브 실천 강령 10가지를 중심으로 수십 가지의 다양한 방법이 있습니다. 그리고 자신에게 맞는 방법이 무엇인지 찾아보고 실천하여 효과를 보는 것입니다. 그리고 자신이 갖고 있는 차량의 특성을 찾아서 궁합을 맞추는 것도 중요합니다. 자신의 차량에 맞는 방법을 찾아 직접 실천하여 얻는 결과는 매우 클 것입니다.

그러나 한 가지 애로사항이 있습니다. 바로 수년부터 수십 년간 운전한 방법이 몸에 배어 있다는 것입니다. 그리고 우리 고유의 급하고 거친 운전방법도 섞여 있습니다. 이러한 상태에서 에코드라이브의 효과는 보기란 여간 어려운 일이 아닙니다. 그래서 선진국에서는 어릴 때부터 교육을 통하여 반복 교육함으로서 자연스럽게 몸에 베개 하는 것입니다. 어린 나이에 운전하고는 관련이 없으나 보는 눈을 키우고 판단할 수 있는 능력을 미리부터 훈련시키는 것입니다. 에코드라이브의 의미를 파악하고 커서 자연스러우면서도 항상 자신의 것 인양 부드럽게 받아들일 수 있습니다. 이러한 선진국의 교육법은 우리에게 시사 하는 바가 크다고 할 수 있습니다.

우리의 습관은 선진국보다 더욱 뿌리 깊게 박혀있고 바꾸기도 어렵습니다. 우리가 도리어 선진국보다 반복 교육이 필요하고 어릴 때부터 교육을 하여야 하는 이유도 바로 여기에 있습니다. 일본의 에코드라이브 교육은 교육대상자가 아주 어린 나이의 경우 애니메이션 등으로 만들거나 아이들이 좋아하는 캐릭터로 무장하고 보여줌으로써 머릿속에 익히게 하는 것입니다. 영국은 처음 운전면허증을 취득할 때 에코드라이브 문제를 내어 풀도록 하여 운전 중에 에코드라이브가 스며 나오도록 하는 것입니다.

이러한 갖가지 방법을 통한 반복 교육은 에코드라이브의 효과적인 결과를 위하여 가장 중요한 방법이라고 할 수 있습니다. 우리는 아직 체계적인 방법이 마련되어 있지 못합니다. 반복 교육은 생각지도 못하고 있습니다. 이제부터라도 시작하여야 합니다.

part
03

공회전 제한장치와 자동차 배출가스

DRIVE

01

공회전제한장치(ISG) 장착 차량 정부의 지원이 필요하다.

|공회전제한장치 · 자동차배출가스규제|

최근 서울시를 비롯한 일부 대도시의 버스에 공회전제한장치, 즉 ISG(Idle Stop & Go)를 장착하여 운영되고 있습니다. 이 장치는 신호등 앞이나 버스 정류장 등에서 일정 시간 이상 정차하고 있으며 자동으로 엔진이 정지되어 연료를 아끼고 이산화탄소 등을 저감시키는 장치입니다. 이미 유럽, 일본 등에서는 이 장치가 많이 사용되고 있을 정도로 에너지 절감을 위한 중요한 장치로 자리매김하고 있습니다. 환경부 등에서도 이 장치의 활성화를 목표로 노력하고 있고 머지않아 대도시 등의 버스에는 이 장치가 모두 탑재될 것으로 확신합니다.

현재 정부와 지자체에서는 장치비의 50%를 지원하고 있습니다. 역시 애프터마켓용으로 장착하면 배터리나 기동전동기 등의 수명이 특히 단축되므로 미리 메이커 차원에서 장착되어 출고되면 훨씬 수명이 늘어날 것으로 보입니다. 이 장치가 버스 등 대중 교통수단 뿐만 아니라 일반 승용차에 장착되어야만 그 효과는 배가됩니다. 이미 유럽에서는 이 장치가 장착된 승용차가 많이 운행되고 있습니다. 당연히 자동차 소유자는 연료가 절감되어 가계에 도움이 되고 국가적인 차원에서도 좋을 것입니다.

이미 이 장치가 탑재된 승용차가 출시되었습니다. 이 장치는 비용적 측면에서 약 50만원 정도가 더 부담됩니다. 당연히 소비자들은 부담이 될 것입니다. 그래서 정부에서는 이 장치의 활성화를 위하여 장치가 장착된 차량의 경우 일부 금액이라도 지원하는 방안을 고민해 주었으면 합니다. 중앙정부나 지자체에서 일부라도 지원한다면 구입자들은 매우 긍정적으로 생각할 수 있고 보급에도 청신호가 될 것입니다. 관련 예산 편성을 통하여 확실한 지원책이 만들어져 에너지 절감 정책의 귀감이 되었으면 합니다.

02

이산화탄소 저감 광고
본격화된다.

| 공 회 전 제 한 장 치 · 자 동 차 배 출 가 스 규 제 |

최근 이산화탄소 문제는 한두 나라의 문제가 아닌 전 세계적인 문제가 되고 있습니다. 각 국가별로 이산화탄소 배출량과 연비 문제가 기준이 되고 있습니다. 점차 강화되면서 국제 사회에서의 강화된 기준을 맞추려고 노력하고 있습니다. 그 민큼 각 지역별로 환경문제가 신가해지고 있습니다. 이미 이상 기온으로 혹한과 혹서가 반복되고 있고 이에 따른 재산상의 피해와 인명손실은 정도를 지나치고 있습니다. 이에 따라 신차 판매의 종류도 다양하고 선택의 폭도 넓어졌지만 동시에 연비와 이산화탄소 배출기준도 강화되고 있습니다.

각 메이커에서는 소비자에 대한 마케팅을 강화하고 유혹하기 위한 각종 전략을 구사하고 있습니다. 최근 달라진 홍보방법이 많아지고 있습니다. 정부에서도 이산화탄소 배출량을 의무적으로 표시하게 하여 소비자들에게 경각심을 발휘하게 하고 있고 이중 환경부에서는 이산화탄소 배출량이 1Km주행에 100g미만으로 배출되는 차량의 경우 경차와 같은 혜택을 주겠다고 발표했습니다. 유럽의 경우는 이산화탄소 배출광고가 이미 3~4년 전부터 등장했습니다. 연비와 함께 이산화탄소를 적게 배출한다는 광고로 소비자를 자극하고 있고, 정부에서도 일정 기준으로 과잉 배출에 할증을 하고, 배출량이 낮은 경우에는 할인을 해주고 있습니다.

　　지난번 일본 도요타가 광고한 내용도 주목받고 있습니다. 도요타의 가장 대표적인 하이브리드 모델인 프리우스에 대한 광고입니다. 프리우스는 가장 난이도가 높은 기술을 적용한 차종으로 우리나라 기준으로 리터당 28Km이상을 달릴 수 있는 최고의 차량입니다. 그 광고는 '도요타 프리우스가 내뿜은 방귀(배출 가스)가 한 마리의 양이 뀌는 방귀보다 더 친환경적이다'라는 흥미로운 광고를 내보내고 있어서 상당한 눈길을 끌었습니다. 온라인 자동차 전문지 오토블로그에서 찾은 이 광고는 가축의 엉덩이에서 내뿜는 메탄가스(동물 가스, 인간도 포함)가 자동차의 엉덩이에서 뿜어져 나오는 가스보다 환경에 더 심각한 영향을 미친다 라는 메시지를 전달하고 있습니다.

　　앞으로 이러한 광고는 더욱 많아질 것이고 현실적인 문제가 될 것으로 확신합니다. 그리고 이 결과는 금전적으로 직접 관련된다는 것입니다.

03

승용차용 ISG
연비향상을 주도하라.

| 공 회 전 제 한 장 치 · 자 동 차 배 출 가 스 규 제 |

자동차의 연비를 높이고 배기가스 저감 등 친환경적인 요소를 극대화하는 방법은 크게 세 가지가 있습니다. 우선 친환경 자동차의 보급입니다. 두 번째로 친환경 경제운전인 에코드라이브를 하는 것입니다. 그리고 마지막 방법이 공회전 제한장치인 ISG(Idle Stop & Go)를 이용하는 것입니다. 각각의 방법에는 특징이 있습니다.

친환경 자동차의 보급은 앞으로 하이브리드 자동차, 전기자동차 등 보급을 활성화하기 위하여 어떻게 조치하는 가가 중요합니다. 에코드라이브 운동은 결국 운전자가 자신의 운전방법을 개선시키고자 하는 의지가 중요하므로 어떻게 홍보를 극대화하고 인센티브를 주어 끌어들이는가가 중요합니다. 마지막으로 ISG는 일반 자동차를 비롯한 모든 자동차에 적용할 수 있는 장점이 있습니다. 물론 하드웨어적으로 설치하여 편하게 사용할 수 있으나 운전석에 있는 스위치를 조작하여 실행과 불이행을 선택할 수 있습니다. 세 가지 방법 중 ISG는 대도시 버스 등을 중심으로 애프터마켓용이 선택되어 1,000여대 이상의 버스에 시험 중입니다. 단점보다 장점이 우수한 만큼 대도시 전체의 버스로 확대될 것이 확실합니다. 그러나 이제서야 일반 승용차용으로는 판매가 되기 시작하였고 다양한 차종으로 확대가 예상되고 있습니다. 유럽 등지에서는 상당한 ISG가 공급되어 에너지 절감용으로 각광을 받고 있습니다.

국내에서 처음으로 ISG가 장착된 준중형차는 기아의 포르테입니다. 이 차량에 국내 최초로 ISG가 탑재되어 연비향상에 기여합니다. 여기에 기존의 액티브 에코 기능이 탑재되어 에너지 절감에 더욱 기여를 할 것입니다. 액티브 에코시스템은 자동차를 하드웨어적으로 규제하여 최고속도, 가속 시 여유 운전, 에어컨 제어 등 연료낭비가 클 수 있고 문제의 소지가 큰 상황만을 골라서 강제로 제어를 해주는 장치입니다. 이렇게 ISG와 액티브 에코시스템을 동시에 사용한다면 연비향상은 적어도 15% 이상은 높아질 적으로 확신하고 있습니다. 여기에 에코드라이브까지 실행한다면 더욱 높은 연비효과가 있을 것입니다. 이에 출시된 ISG가 인기를 끌어 에너지 절약에 기폭제가 되기를 바랍니다.

04

승용차용 공회전 제한장치
연비개선 효과 크다

| 공 회 전 제 한 장 치 · 자 동 차 배 출 가 스 규 제 |

최근 유가가 급상승하면서 에너지 절약에 대한 관심이 더욱 높아지고 있습니다. 이렇게 에너지를 절약하는 방법 중 친환경 자동차 사용, 친환경 경제운전인 에코드라이브를 열심히 시행하는 방법도 매우 좋고 또 한가지의 방법이 바로 공회전 제한장치인 ISG의 사용입니다. 즉 신호등 앞에서 정차하거나 일정 시간 차량이 정지하면 자동으로 시동이 꺼지고 브레이크에서 발을 떼면 다시 자동으로 시동이 켜지는 장치입니다. 이미 서울시 등 대도시 1천 여대의 버스에 애프터마켓용으로 탑재하여 약 10%의 연비 절감 효과가 확인되었습니다. 물론 잦은 시동으로 기동전동기와 배터리 수명 단축 등의 문제가 있으나 미리 차량 제작 시에 조치를 취하면 상당부분 문제

점을 제거할 수 있습니다. 그래서 일본에서는 이미 수년 전부터 버스 출고 이전부터 이 장치를 기탑재하여 연료 절감효과를 단단히 보고 있습니다. 아마도 국내도 머지않아 기탑재된 버스가 출시될 것으로 확신합니다.

　　그러나 역시 가장 큰 효과는 일반 승용차에 이러한 ISG를 탑재하는 것입니다. 국내에 ISG가 장착되어 처음 출시된 기아의 포르테 에코플러스 차량을 대상으로 장치가 없는 포르테와 공식적으로 비교시험을 하였습니다. 놀랍게도 서울 강남쪽 구간에서 출근 시에는 약 22%의 연비 개선 효과가 있었고 출근이 풀리는 시간대에서도 약 15%의 연비개선 효과가 나타났습니다. 대단하다는 것을 알 수 있습니다.

　　그 만큼 차량이 도심지 등을 운행하면서 약 1/3~1/4 정도의 시간을 공회전으로 낭비하고 있다는 것입니다. 정부나 지자체가 적극적으로 지원할 수 있는 인센티브제를 시행하여 약 50만원 정도하는 이 장치가 활성화되도록 적극적으로 제도적 뒷받침을 하였으면 합니다. 역시 효과는 연비 개선과 이산화탄소 저감입니다.

05

앞으로
'자동차 온실가스 배출 규제' 본격실시

|공회전제한장치 · 자동차배출가스규제|

•

최근 세계 각 국에서는 각종 재난이 점차 많아지고 있습니다. 이상 기온으로 무더운 여름이 되기도 하고 홍수나 폭설로 홍역을 치루고 있습니다. 이 모든 것이 지구 온난화를 촉진시키는 이산화탄소로 판단되고 있습니다. 이 중에서도 자동차는 심각한 발생 대상으로 규제의 대상이 되고 있습니다. 이미 유럽 등에서는 탄소세를 도입하여 본격적인 규제를 시작하였으나 아직 국내는 그렇치 못한 실정입니다.

이번에 정부는 국내 온실가스 배출량 중 16.2%를 차지하는 수송부문의 온실가스 감축을 위해 곧 자동차 온실가스 배출 규제를 실시한다고 밝혔습니다. 환경부에 따르면 2015년까지 국내 자동차 온실가스 목표 기준을 140g/km(2009년 대비 12.2% 감축)로 정하고, 제작업체별 실제 적용되는 기준은 제작사별 매년 10인승 이하 승용·승합자동차의 판매실적에 따라 140g/km를 기준으로 차등적(공차중량 고려)으로 설정했습니다.

따라서 자동차 제작업체는 해당 연도에 판매된 10인승 이하 승용·승합자동차 전체의 온실가스 배출량 평균값(fleet average)이 기준을 만족할 수 있도록 자동차를 제작·판매해야 합니다. 자동차 제작업체는 기준을 준수하기 위해 개별 자동차의 온실가스 배출량을 줄이기 위한 기술을 개발하고, 자동차 온실가스 평균 배출량을 줄이기 위해 온실가스를 적게 배출하는 자동차의 판매량을 늘려야 한다는 것이죠. 판매량을 기준으로 단계 적용되며, 2012년에는 판매된 차량 중 30%가 기준을 준수해야 합니다. 2013년에는 60%, 2014년에는 80%로 확대 적용되며, 2015년부터는 판매된 차량의 100%가 기준을 만족해야 한다는 것이죠.

환경부는 향후 제도개선 계획과 함께 미국, EU 등 온실가스 규제동향을 지속 모니터링을 하여 현재 고시의 기준 적용 대상을 확대하고, 2015년 이후의 2단계 온실가스 목표기준을 마련해 나갈 계획이라고 합니다. 이러한 정부의 움직임은 이제 시작이나 가속도를 붙인다면 머지않아 선진국 수준을 능가하는 저탄소 녹색 국가로 탈바꿈할 것으로 확신합니다.

06

공회전 제한장치 ISG사용
두려워 말자

|공회전제한장치 · 자동차배출가스규제|

최근 출시되는 자동차는 고연비와 친환경으로 무장하고 있습니다. 이러한 요소가 만족되지 못하면 소비자의 외면으로 나타나 판매 자체가 어려워질 정도입니다. 이러한 고연비 시스템 중 각종 에너지 절감장치가 장착되고 있습니다. 친환경 경제운전인 에코드라이브를 쉽게 하기 위하여 에코 인디케이터를 장착하기도 하고 강제로 연료를 절감시키도록 동작시키는 액티브 에코시스템도 장착되고 있습니다. 이 장치는 급격한 가속페달의 움직임이 있어도 장착된 시스템으로 서서히 속도를 내어 에너지 절감을 유도하고 최고속도도 차단하여 급격한 연료낭비를 줄여줍니다. 역시 운전석의 스위치를 꺼 놓으면 마음대로 운전할 수 있습니다. 한 템포 느린 편한

마음이 없으면 장착의 의미가 사라진다는 뜻도 가지고 있습니다. 최근에 장착되는 또 하나의 장치가 바로 공회전 제한장치인 ISG(Idle Stop & Go)입니다. 이 장치는 신호등 앞 등에서 차량이 정지하면 바로 엔진이 중단되어 연료를 절약하는 장치입니다.

　　최근 자동변속기용 차량에 장착하는 ISG 장치가 개발 탑재되어 많은 이들의 사랑을 받고 있습니다. 실제로 아침 러시아워 때 시험한 바에 의하면 20% 이상은 충분히 절약하는 것으로 나타났습니다. 매우 큰 연료량임을 알 수 있습니다. 최근 국산차는 물론 수입차의 경우도 장착되는 차량이 많아지고 있습니다. 열심히 활용하면 그 만큼 연료 절감으로 나타난다는 뜻도 있습니다. 이러한 장치들은 모두가 운전석에 스위치가 있어 스위치를 켜놓고 활용하여야 한다는 것입니다. 귀찮거나 불편하다고 스위치를 꺼놓으면 의미가 사라진다는 뜻도 있습니다. 그래서 관심을 가지고 스위치를 켜놓은 상태에서 잊어버리고 편하게 실천하는 것입니다.

　　특히 ISG의 경우 정지상태에서 시동이 꺼지면 불안해하는 운전자가 많다는 것입니다. 혹시라도 시동을 걸리지 않거나 지체되는 것은 아닌지 괜한 걱정을 하는 것이죠. 전혀 고민할 필요가 없습니다. 원만한 동작으로 시동이 켜지고 쉽게 출발할 수 있습니다. 하고자하는 의지가 가장 중요하다는 것이죠.

07

공회전 제한장치인 ISG 장착 승용차,
에너지 절약에 크게 기여한다.

|공회전제한장치 · 자동차배출가스규제|

차량의 에너지 절약방법은 많이 있습니다. 일반적으로 에너지 낭비가 큰 부분이 바로 운전방법입니다. 운전방법이 나쁘면 아무리 연비가 좋은 자동차라고 하여도 소모 연료가 두 배 이상이 더 소모될 수 있습니다. 그래서 친환경 경제운전인 에코드라이브 방법이 환용되는 것입니다. 우리 운전은 급하고 거칠어 다른 선진국에 비하여 에너지 소모가 매우 큽니다. 그래서 더욱 에코드라이브가 필요한 국가입니다.

또 한가지 방법이 바로 자동차 자체를 에너지 절약형으로 만드는 것입니다. 물론 엔진이나 변속기 등 각종 시스템의 업그레이드를 통하여 효율을 조금씩 높이는 방법도 있으나 이와 별도로 에너지 절약형 장치를 개발, 탑재하는 것입니다. 물론 이 장치를 이용하면 에너지 절감 효과가 크지만 운전자의 하고자 하는 의지도 중요합니다. 일반적으로는 운전석에 별도의 스위치가 있어 온오프를 통하여 시행하느냐 안하느냐가 결정됩니다.

이 중 가장 대표적인 장치가 바로 공회전 제한장치인 ISG입니다. 유럽 등지에서는 많이 장착되어 효용 가치가 높습니다. 더욱이 우리와 달리 수동변속기가 장착되어 있는 차종이 많아 연료 절감효과가 배가된다는 것입니다. 우리는 2005년을 시작으로 수도권 버스 1천 여대에 이 장치가 애프터마켓용으로 장착되어 이용되고 있습니다. 운행 중 발생하는 여러 가지 문제점을 최소한으로 없애는 방법은 자동차 메이커에서 미리 장착되어 출시되는 방법이 가장 좋습니다.

국내에서도 처음으로 기아의 준중형차 포르테에 장착되어 인기를 끌고 있습니다. 이후에는 소형 모델인 현대 엑센트에 동급 최초로 고급형 ISG(Idle Stop & Go) 시스템을 장착해 연비가 크게 좋아진 '엑센트 블루세이버(Blue Saver)'를 출시하기도 했습니다. 이 차종은 차량 시동과 함께 자동으로 작동, 차량 정차 시에는 자동으로 엔진을 정지시키고 출발 시에는 재시동 되는 편리성을 가지고 있습니다. 예전 국내 도로에서 시험을 통하여 출근 시에는 최대 25% 정도 연료가 절약되는 것으로 나타났고 일반 사용 시에도 5~10% 정도 효과는 볼 수 있습니다. 많은 이용 바랍니다.

08

공회전 제한장치 탑재 버스에 대한 시민의 이해가 필요하다.

|공회전제한장치 · 자동차배출가스규제|

    자동차 에너지를 절약하는 대표적인 방법에는 친환경 자동차의 사용, 대중교통수단인 버스 등에 공회전 제한장치를 사용하거나 친환경 경제운전인 에코드라이브를 하는 방법입니다. 이 중 공회전 제한장치를 탑재한 버스나 일반차량의 경우 내부분 신호등 앞이나 정차 시에 이 장치를 많이 사용합니다. 이 장치는 수초 이상 차량이 정지하고 있으면 자동으로 엔진이 정지되어 공회전 시간을 줄이고 다시 출발할 때 엔진이 가동되는 장치입니다.

    이미 약 5년 전 서울시나 환경부에서 약 1,000여대의 버스에 이 장치를 탑재하기 시작하여 시험 중에 있습니다. 올해에는 더욱 확대되어 많은 버스에 탑재될 예정입니다. 이 장치를 탑재하면 버스에 탑승한 시민들이 몇 가지 측면에서 불안해 합니다. 엔진이 정지하면 출발할 때 엔진 시동에 대하여 불안해 하거나 여름철 에어컨이나 겨울철 히터가 정지되는 특성이 있기 때문입니다. 당장 더욱 여름철 에어컨이 정지되면 몇 초 정도는 괜찮지만 그 이상이 되기 시작하면 실내 온도가 상승하여 더운 느낌을 받기 시작합니다. 물론 컴프레서가 정지하지만 팬은 계속 돌아가 바람은 나오지만 점차 더워진다는 것입니다. 그리고 마찬가지로 겨울철 히터가 정지하면 어느 정도 후에 온도가 내려가면서 추워질 수 있습니다. 하나같이 시민들 입장에서 보면 불편해할 수 있습니다. 그래서 온도가 어느 온도로 세팅되어 있어 해당 온도에 도달하면 다시 에어컨이나 히터가 가동되는 경우도 있습니다.

그래도 조금은 불안해 하거나 참지 못하고 운전자에게 항의를 하는 사람도 있습니다. 특히 우리나라 사람은 일본 등 다른 선진국 사람들에 비하여 급하고 거칠다보니 심한 경우가 많습니다. 그래서 더욱 이해가 필요합니다. 장치 탑재에 대한 이유와 의미 그리고 시민 모두가 하나하나 기여한다는 생각을 가지고 동참했으면 합니다. 사실 에너지 절약은 의지가 필요하고 어느 땐 불편함도 올 수 있습니다. 그러나 길게 보고 여유를 갖는 것도 중요한 요소 중의 하나입니다. 이해와 배려가 더욱 필요한 시점입니다.

09

공회전 제한장치가 기탑재된
신차의 출시가 기대된다.

|공회전제한장치 · 자동차배출가스규제|

수년 전부터 환경부 주관으로 버스 등에 공회전 제한장치를 탑재하여 시범운행하고 있습니다. 이 장치를 이용하면 신호등에서의 정차 시 나 정류장에서의 정차 시 엔진이 자동 정지되고 출발 시 자동으로 엔진이 가동되는 장치입니다. 공회전을 낭비하지 않으므로 에너지 절감과 이산화탄소 저감을 이루는 대표적인 장치입니다. 이미 유럽에서는 일반 차량에 기탑재된 공회전 제한장치 또는 ISG가 많이 보급되어 에너지 절약에 크게 기여하고 있고 일반인들도 당연히 동참하고 있을 정도입니다.

일본의 경우도 이미 수년 전부터 모든 버스에 이 장치가 탑재되어 의무화되고 있고 공회전 정지율을 높이기 위하여 모든 노력을 기울이고 있습니다. 국내의 경우 버스 등에 이 장치를 탑재하여 그 효율성을 확인하고 있고 서울시의 경우에 이미 약 1,000대의 버스에 이 장치를 탑재하여 그 효용성을 입증하였습니다. 아마도 수년 이내에 전국적으로 버스 등에 탑재되어 범용화가 진행될 것입니다.

가장 중요한 것은 애프터마켓용으로 출고 후에 탑재되는 것보다는 출고 전에 메이커 차원에서 탑재하면 완성도가 높아진다는 것입니다. 가장 고장빈도가 늘어난다는 기동전동기나 배터리 등을 미리 조치하여 고장빈도를 낮출 수가 있습니다. 그래서 2010년 말에 출시된 택시에 기탑재된 장치가 이용되고 있고 드디어 2011년 상반기에 일반용 승용차에 이 장치가 탑재가 시작되었습니다. 신호 대기 시 등에 많이 활용하면 에너지 절감에 큰 기여를 할 것입니다. 물론 가장 중요한 점은 이 장치가 탑재되더라도 결국 이 장치의 활성화는 운전자의 의지에 맡긴다는 것입니다. 운전석에 위치한 스위치를 켜야만 항상 이 장치를 활용할 수 있습니다. 그리고 친환경 경제운전인 에코드라이브까지 함께 배우고 이 장치를 활용한다면 더욱 큰 시너지 효과를 누릴 수 있습니다. 전 메이커의 동참과 국민적 호응이 중요한 시점입니다.

10
세계 온실가스 문제, 점차 규제가 심해진다
|공회전제한장치 · 자동차배출가스규제|

최근 국내 기후를 보아도 변화가 심한 것을 알 수 있습니다. 겨울철 눈이나 여름철 비가 많이 오고 기온이 예전과는 달리 차이가 많이 나고 있습니다. 이 모든 문제가 지구 온실가스 문제라고 합니다. 그 만큼 세계 온실기스 배출문제는 한 나라의 문제만이 아닌 전 세계의 생존의 문제가 되고 있습니다. 우리나라는 온실가스 중 가장 영향이 크다는 이산화탄소 배출 세계 9위의 높은 배출을 나타내고 있습니다. 그 만큼 규제의 대상이 될 수 있다는 것입니다.

지난 교토의정서에서는 개발도상국으로 분류되어 규제대상에서 피해갔지만 포스트 교토의정서에는 선진국 규제 대상에 포함될 가능성이 높다고 하고 있습니다. 예전 멕시코 칸쿤에서 2주간의 일정으로 열렸던 제16차 유엔기후변화협약(UNFCCC) 당사국 총회가 '녹색기후기금' 조성 등의 내용을 담은 합의문을 채택하였습니다. 190여개 참가국이 도출한 이번 합의는 "기후변화 회의의 불씨를 살렸다"는 평가를 받았습니다. 하지만 각국의 온실가스 배출 목표를 비롯한 구체적인 행동 방안이 나오지 않았으나 차기 총회에서 구체적인 규제가 나올 것으로 판단되고 있습니다.

한 가지 다행인 것은 그 총회에서 OECD국가 중 이번 대회 주최국인 멕시코와 우리나라가 선진국과 개도국을 분리하는 기준이 유지됨에 따라 온실가스 의무감축국 지위를 지속하게 되었다는 것입니다. 이렇게 결정이 난 이유는 우리나라는 최근 '저탄소 녹색성장'을 표명하고 자체적으로 이산화탄소 규제치를 연도별로 발표하고 강화할 수 있는 규범을 보여 해외의 모범이 되는 녹색 주도 국가로서의 이미지를 부각시키는데 성공하였기 때문으로 판단되고 있습니다. 우리가 자진해서 모범을 보이고 있고 선진국과 개도국을 잇는 가교 역할은 물론 개도국의 우리의 성장 경험을 공유하는 자세는 해외의 찬사를 받고 있습니다.

앞으로 이러한 흐름은 가속화될 것이고 이에 걸 맞는 우리 국민의 자세는 더욱 중요할 것으로 확신합니다. 우리 개개인의 운전방법을 개선하는 에코드라이브 운동도 이러한 이산화탄소 저감에 직접 참여할 수 있는 최고의 방법임을 다시 한번 강조합니다. 우리 개개인의 적극적인 참여가 국가는 물론 인류의 생존에 적지 않은 기여를 한다는 사실을 직시했으면 합니다.

11

환경부의 저이산화탄소 차량에 대한 경차 수준의 혜택, 의미가 크다.

|공회전제한장치 · 자동차배출가스규제|

국내의 경차 비율은 아직 8% 수준입니다. 아직 사회적으로 경차는 안전하지 못하고 사회적으로 대접을 받지 못하고 있다는 인식이 강합니다. 다시 얘기하면 큰 차가 대접받고 있는 사회라는 인식이 큽니다. 유럽의 과반수나 일본의 약 37% 수준과는 거리가 멀다고 할 수 있습니다. 특히 경차에 대한 혜택은 세계 최고 수준입니다. 그럼에도 불구하고 경차가 그렇게 획기적으로 늘지 않습니다. 국민적 인식이 긍정적으로 바뀌도록 지속적으로 노력하여야 하고 운행 상의 잇점을 얻을 수 있는 획기적인 인센티브가 개발되어 보태져야 합니다.

얼마 전 환경부에서 경차에 대한 혜택을 똑같이 하는 차량을 선정하겠다고 발표했습니다. 대상은 이산화탄소 배출을 1Km당 100g 미만을 배출하는 차량입니다. 쉬운 대상은 아닙니다. 현재로서는 시험적으로 유럽에서 승용디젤차의 경우가 해당된다고 할 수 있습니다. 그러나 조금만 노력하면 곧 충분히 가능한 차량이 출시될 것으로 확신합니다. 상대적으로 우리의 승용디젤차 기술은 유럽에 비하여 떨어집니다. 그래서 더욱 노력하고 국민적 인식이 긍정적으로 바뀌도록 정부가 노력하여야 합니다.

　　이러한 환경부의 대상 확대는 좋은 정책이라고 판단됩니다. 현재 대상은 없으나 노력하여 여기에 걸맞는 하이브리드차나 디젤차 등 친환경 자동차를 개발하여야 한다는 독려라고 할 수 있으며, 자극을 주는 것입니다. 쉽지 않으나 목표를 가지고 지금보다 노력하라는 취지입니다. 하루 속히 우리 자동차 메이커의 분발을 촉구하며, 정부의 적극적인 지원책을 바랍니다. 국민도 관심을 가지고 신차 선택에서 친환경 자동차에 대한 애정을 보여주어야 할 것입니다.

12

이산화탄소 문제,
얼마나 생각하고 있습니까?

| 공 회 전 제 한 장 치 · 자 동 차 배 출 가 스 규 제 |

     친환경 경제운전인 에코드라이브를 하는 목적은 에너지를 절약하자는 취지이나 더욱 근본적인 목적은 이산화탄소 저감입니다. 직접적으로 우리 신체나 가정에 특별히 문제가 없다고 할 수 있으나 지구 온난화 현상으로 이상 기온을 유발시켜 지구 생존에 가장 큰 영향을 주는 가스입니다.

     지난 겨울이나 여름에 눈이나 비가 많이 와서 큰 괴로움을 받을 것을 기억할 것입니다. 앞으로의 겨울도 이에 못지 않다고 합니다. 이것이 모두 이산화탄소 문제라고 할 수 있습니다. 더욱 중요한 점은 이산화탄소는 기술적으로 없앨 수는 없고 이산화탄소를 포집하여 땅 속에 넣어두는 방법밖에 없다는 것입니다. 그리고 덜 배출시키기 위하여 에너지를 덜 사용하는 방법 밖에 없다는 것입니다. 그래서 더욱 어려운 일이라는 것이죠. 우리는 더욱 이 문제에 대하여 그렇게 급하다고 생각하지 못하고 있습니다. 직접 관계가 없다고 생각하기 때문이죠.

그러나 앞으로 조성될 포스트 교토의정서에 가입되면서 기간에 맞추어 의무적으로 배출량을 조절하여 줄여야 한다는 것입니다. 잘못하면 경제발전에 역행할 수 있어서 이 문제는 더욱 중요합니다. 지금부터라도 줄이지 않으면 한꺼번에 줄이는 것은 불가능한 일입니다. 우리는 현재 이산화탄소 배출 세계 9위권입니다. 그러나 우리 일상 생활에서 굳이 어렵게 줄이는데 동참하지를 못하고 있습니다. 벌써 유럽의 경우는 5년 전부터 프랑스를 시작으로 신차를 구입할 때 일정량 이상의 이산화탄소를 배출하는 차량은 할증을 하고 미만일 경우에는 할인을 해주는 제도를 시행하여 경소형차 구입을 유도하고 있고 실제로 효과를 보고 있습니다.

우리는 유사한 제도가 없고 아직 중대형차를 선호합니다. 이제는 이산화탄소 문제가 본격적으로 우리 근처에 다가오고 있습니다. 이제부터라도 이산화탄소 문제를 심각하게 고민하고 줄이는데 일조하여야 합니다.

13

장기적으로 차량 운행 중
탄소세가 부과된다.

|공회전제한장치 · 자동차배출가스규제|

    지구 온난화 가스인 이산화탄소 문제가 점차 위력을 발휘할 것으로 판단됩니다. 최근 세계적으로 지구 온난화로 인한 자연재해가 커지고 있어서 더욱 이산화탄소 문제가 힘을 받을 것으로 판단됩니다. 이미 2013년 포스트 교토의정서가 진행되기 전부터 전 세계 정상 회의가 진행되면서 환경 문제가 크게 부각되고 있습니다. 이산화탄소 배출 세계 9위권의 우리나라도 상황이 좋지는 않습니다. 목표대로 줄이기가 여간 어렵기 때문입니다.

    결국은 이미 언급되고 있는 탄소세 문제가 나올 수밖에 없을 것입니다. 이미 유럽에서는 경소형 차량 중심으로 탄소세 할인이 되고 있어 중대형차가 불리해지는 탄소세가 부과되고 있습니다. 정기적으로는 당연히 운행 중 배출되는 이산화탄소량에 따라 세금이 부과될 것입니다. 물론 이러한 시스템이 도입되기 위해서는 세계가 약속하는 측정모듈을 각 차량에 탑재하여 객관적이고 신속한 측정이 가능한 시스템이 구축되어야 합니다. 이러한 기술은 그리 어려운 기술이 아닙니다. 세계적으로 공감대가 형성되고 합의가 이루어지면 시행될 수도 있습니다. 그 만큼 세계의 환경은 차량을 중심으로 활성화 될 것으로 확신합니다. 우리는 더욱 어려운 상황입니다.

지금부터라도 에너지를 아끼고 이산화탄소 배출에 조금이라도 생각을 하지 않는다면 머지않아 더욱 불편한 일들이 많아질 것입니다. 그래서 유럽과 같이 신차 구입 등에 탄소세 부과를 생각할 수 있습니다. 그리고 운행 중 세금부과로까지 진행될 것입니다.

그래서 더욱 현재가 중요한 시점입니다. 정부는 좀 더 열심히 에너지 절약과 이산화탄소 저감의 필요성을 강조하고 국민은 더욱 열심히 에코 드라이브를 통하여 에너지 절약에 동참해야 합니다. 함께 노력하여야 할 시점입니다.

ECO

part
04

자동차 구조학과 연비

01

내리막 길 등에서
퓨얼 컷 기능 활용하고 있는지요?

|자동차구조학&연비|

친환경 경제운전인 에코드라이브는 개인의 운전방법을 개선시켜 에너지를 절약하는 최고의 방법입니다. 물론 에코드라이브 실천 강령 10가지에 대부분의 중요한 방법이 나와 있으나 그 밖에 중요한 방법들도 많습니다. 이 중 어느 방법을 선호하고 있는지요? 어느 사람은 원래부터 성격이 급하여 여유있는 운전을 위하여 급출발, 급가속, 급정지 등 이른바 3급 방지를 주안점으로 두고 있는 사람도 있습니다. 또 어떤 사람은 적정 타이어 공기압을 생각하는 사람도 있습니다. 이런 분은 안전을 우선으로 생각하는 사람이기도 합니다. 그 만큼 타이어 공기압이 얼마나 차량 안전에 영향을 주는 가를 알 수 있는 부분입니다.

가장 대표적인 에코드라이브 방법 중의 하나를 추천합니다. 즉 연료 차단 기능인 퓨얼 컷입니다. 지금의 자동차는 모두 전자제어 엔진이어서 일정 속도 이상에서 가속페달에서 발을 떼면 연료가 차단되면서 관성으로 가는 특성이 있습니다. 이 방법을 활용하면 관성으로 약 1Km를 갈 정도로 연료 절약에 크게 기여할 수 있습니다. 가장 확실한 방법은 내리막 길이나 평지가 멀리 이어져 있을 상황에서 속도가 약 80Km이상일 경우 가속페달에서 발을 떼면 그 때부터 연료가 차단됩니다. 그리고 즐기면서 가면 되는 것입니다. 물론 속도가 점차 줄어들면서 약 30Km 정도까지 이어지기도 합니다. 그러나 중간에 발을 다시 가속페달을 밟는 다든지 하면 연료차단기능이 해제되므로 주변의 환경 파악이 중요합니다.

이 방법은 효과는 크지만 안전을 생각하면서 습관화되어야 더욱 효과가 배가됩니다. 운전에 자신 있는 사람은 우선 다른 방법은 제쳐두고 이 방법을 습득하여 에너지 절약을 생각하는 것도 괜찮을 것입니다.

02

소형 고연비 차량을 주목하세요.

|자동차구조학&연비|

　　내년 쏟아지는 새로운 국산 및 수입산 자동차는 수십 종에 달합니다. 지난 2011년에는 70여종이 되어 최근 몇 년 동안 매년 출시된 자동차 중 가장 많은 종류가 아닌가 합니다. 이 중에서 최근 가장 관심을 갖는 고연비 차량이 상당수가 됩니다. 최근 늘고 있는 고연비 차량 중 리터당 20Km를 넘는 차종이 10여종이 넘을 정도로 많다는 것입니다. 우리가 항상 언급하는 친환경 경제운전인 에코드라이브를 통하여 경제운전을 하는 것도 중요하지만 원래부터 연비가 좋은 차량을 운행한다면 에너지 절감은 획기적으로 늘 것입니다. 그래서 친환경 자동차를 부각시키고 이를 운행하는 에코드라이브를 언급하는 것입니다.

이제 신차를 구입할 경우 리터당 20Km는 꼭 생각하기 바랍니다. 이러한 차종은 주로 소형차종에 해당이 됩니다. 당연히 차가 크고 무거우면 연비를 떨어지게 마련입니다. 이전에 연비가 높은 차종은 하이브리드차, 디젤승용차, 수동변속기차, 경차 등이 해당이 되었습니다. 이러한 종류 모두가 연비가 높은 장치와 시스템 및 연료이기 때문입니다. 이번에도 비슷한 특성이 있으나 기술적 진보가 되면서 더욱 연비가 좋아졌습니다. 그만큼 연료를 아끼고 유지비가 절약됩니다. 이러한 추세를 생각하면 수년 이내에 리터당 30Km도 멀지 않았다는 것입니다. 이 정도 되면 서울 부산 사이를 약 15리터면 가능하다는 것입니다. 대단한 기록입니다. 아마도 차를 운행하는 맛을 느낄 수 있을 것입니다.

처음 차량을 구입하는 사람이 경소형차를 생각하면 더욱 좋을 것이고 최소한 1가구 2차량 시 두 번째 차량을 경소형차를 생각하라는 것입니다. 각 가정에서 여러가지 측면에서 더욱 좋은 이득이 될 수 있을 것입니다. 정부에서도 경소형차에 대한 혜택을 여러 가지로 고민하고 있습니다. 국민적 인식이 경소형차를 지향하고 습관화된다면 국가적인 차원에서의 에너지 절감비율은 대단할 것이다. 여기에 에코드라이브까지 생활화한다면 금상첨화일 것입니다.

03

타이어 공기압 점검,
에코드라이브는 물론 안전을 보장한다.

|자동차구조학&연비|

차량 운행에서 항상 차량 관리를 강조합니다. 차량에 대하여 관심을 가지는 만큼 안전이 보장되고 고장도 줄며, 내구성이 증대됩니다. 더욱이 연비가 좋아지는 기본 특성도 보장됩니다. 친환경 경제운전인 에코드라이브 실천 강령 10가지에도 당당히 한 항목으로 차지하고 있는 것이 타이어 공기압 점검입니다. 실제로 타이어 공기압을 적정하게 유지하면 연비 향상에 도움이 되나 5%나 10%가 향상되는 것은 아닙니다. 실제로 1~3% 정도라고 판단하면 좋습니다. 이렇게 강조하는 이유 중의 하나가 바로 안전입니다.

에코드라이브는 당연히 연료를 절약하는 운동이나 이 속에는 안전이 전제되어 있습니다. 너무 적으면 고속에서 경우에 따라 스탠딩 웨이브라는 현상이 커지면서 순간적으로 파열될 수 있으며, 너무 많으면 통통 튀면서 조향성능이 불안정해지면서 역시 위험해집니다. 그래서 타이어 공기압이 중요한 것입니다. 동시에 점검을 하면 타이어 트레드 마모 정도나 이물질 부착 여부 등도 파악이 가능하여 문제의 발생 원인을 제거하여 안전을 유지할 수 있습니다. 따라서 출근 시나 퇴근 시에 주차장에서 시동을 미리 켜놓고 잠시 내려 타이어를 보면서 한 바퀴 차량을 돌아보는 습관이 중요합니다. 아주 중요한 행동임을 다시 한 번 강조합니다.

작년에 미국에서 의무화된 장비가 바로 실시간으로 운전석에서 타이어 공기압을 항상 알 수 있는 타이어 공기압 모니터링 시스템이라는 TPMS가 있습니다. 이 장치는 애프터마켓용 소비자가가 약 20만원 정도 됩니다. 현재 고급 차량에 거의 기장착이 되고 있으나 대부분의 차량은 없는 실정입니다. 국내에서도 오는 2013년에 의무화를 하겠다고 발표하였습니다. 이 장치가 있건 없건 내려서 타이어를 보는 습관은 안전과 연료 절약이라는 두 마리의 토끼를 잡는 중요한 행위라는 것입니다.

04

자동차
히터사용 억제도
에코드라이브입니다.

|자동차구조학&연비|

추운 겨울에 자동차용 히터는 가장 중요한 필수 장치입니다. 혹시 고장이라도 발생하면 차량은 순식간에 애물단지로 전락합니다. 특히 최근 겨울과 같이 추운 날씨에서는 히터는 더욱 그렇습니다. 최근 친환경 경제 운전인 에코드라이브가 많이 활성화되어 가고 있습니다. 더욱이 유가가 급등하면서 서민의 입장에서는 유류비를 어떻게 해서든지 절약하고자 하는 의지가 바로 에코드라이브입니다.

가장 대표적인 친환경 경제운전을 소개한 에코드라이브 실천 강령 10가지에는 이러한 히터사용에 대한 내용이 없습니다. 그렇다고 히터사용이 전혀 연료절약에 기여하지 못하는 것은 아닙니다. 설사 에코드라이브에는 없으나 다른 연료 절약법은 수십 가지가 됩니다. 역시 히터사용 억제도 중요한 연료절약법입니다. 미국의 경우 히터의 절약은 중요한 에코드라이브라고 소개하고 있습니다.

겨울철 추운 날씨가 반복되고 지속되는 경우에는 히터의 사용량이 급격하게 늘어나게 됩니다. 히터는 에어컨에 비하여 연료소모량은 매우 낮은 편입니다. 히터는 엔진에 도는 냉각수의 열을 이용하여 실내로 유입하여 팬으로 돌려주는 원리입니다. 따라서 아침 출근 시 어느 정도 온도가 올라가지 않은 상태에서 히터를 켜면 차가운 바람이 나오는 것입니다. 결국 히터의 사용은 팬이 사용하는 전기에너지가 해당됩니다. 당연이 에어컨과 같은 장치와 비교하여 훨씬 적게 에너지가 소모됩니다. 그러나 이렇게 적은 에너지 소모도 모이면 많아지게 됩니다. 그래서 절약하자는 것입니다. 그리고 히터를 너무 많이 사용하면 실내 공기오염 및 실내외 온도차이로 운전자의 운전감각이 떨어질 수 있습니다. 여러 가지 측면에서 적절히 사용하자는 것입니다.

겨울철 온도가 특히 낮고 길게 지속되는 경우에는 어느 시점에서 히터사용 억제도 에코드라이브 실천 강령에 포함될 수 있습니다. 실천 강령은 시대에 따라 변하게 됩니다. 적절한 히터사용을 권장합니다.

05

아직도 스노우 타이어
장착하고 있는지요?

|자동차구조학&연비|

차량관리가 에너지 절약뿐만 아니라 안전에도 큰 영향을 준다는 것 알 것입니다. 적절한 부품의 교체는 물론 소모품 교환을 통하여 안전과 내구성, 고연비 유지 등 모든 것이 좌우될 정도입니다. 이러한 각종 부품 중 가장 중요한 부품 한 가지를 얘기한다면 타이어를 언급할 것입니다. 타이어는 엔진이나 변속기 등에 비하여 변방에 속한 부속품입니다. 그러나 다른 핵심 부품에 비하여 운행 중 문제가 발생하면 바로 사고로 이어지는 특성이 커서 더욱 안전용 부속품으로 더욱 중요합니다. 그래서 지난 2010년

부터 미국에서는 운행 중 운전석에서 항상 실시간으로 타이어 공기압 등을 확인할 수 있는 타이어 공기압 모니터링 시스템인 TPMS가 의무 장착되었습니다. 우리나라도 오는 2013년에 의무 장착이 시행될 것입니다. 그래서 타이어 공기압이나 마모 등 각종 상태를 파악하는 것은 무엇보다 중요합니다. 공기압 등을 잘 관리하면 연비도 수 % 이상 향상이 가능합니다. 특히 최근의 겨울은 다른 겨울에 비하여 춥고 눈도 많이 와서 일반 사계절 타이어가 아닌 스노우 타이어를 장착하는 사람도 주변이 많이 있다는 것입니다. 그러나 겨울용이다 보니 약 3개월 사용하고 바로 일반 타이어로 교체하는 부지런함이 필요합니다. 타이어가 무거워 연비에도 좋지 않고 마모도 빨리 진행되어 수명이 확 준다는 것입니다. 스노우 타이어를 계절에 관계없이 계속 사용하면 당연히 전체적으로 좋은 점은 없다는 것입니다. 정상적으로 잘 사용하여도 스노우 타이어의 수명은 약 3~4년 정도로 보면 됩니다. 고가이고 비용도 아까워 잘 사용하여야 하고 수명이 약 3년 정도여서 아깝기도 합니다. 그러나 눈이 왔을 경우 확실히 제동효과도 괜찮아서 사용은 늘 것입니다. 항상 부지런함이 그래서 중요하고 차량관리의 부지런함은 연비, 안전 등 모든 것을 좌우할 수 있습니다. 오늘도 스노우 타이어를 장착하고 있다면 정비업소에서 일반 타이어로 교체하기 바랍니다. 겨울용 털신을 여름철에 사용하는 사람은 없을 것입니다. 새 신발을 신은 느낌을 가질 것입니다.

06

엔진오일 등 기본 소모품 교환이 에코드라이브에 미치는 영향은?

|자동차구조학&연비|

     친환경 경제운전인 에코드라이브는 개인의 운전방법을 개선시켜 에너지를 절약하고 이산화탄소를 저감시키는 가장 대표적인 운동입니다. 가장 대표적인 방법이 바로 에코드라이브 실천 강령 10가지입니다. 이 방법은 에너지를 절약하는 대표적인 방법을 모은 실천 약속입니다. 이 중에는 정기적인 차량관리 방법이 있습니다. 차량관리는 다양한 방법과 종류가 있으나 역시 가장 중요한 요소는 기본 소모품 관리라고 할 수 있습니다. 엔진오일, 변속기 오일, 브레이크 오일, 냉각수 관리, 각종 필터류 등입니다. 그리고 브레이크 패드, 배터리 등도 포함됩니다. 이러한 소모품은 안전에도 중요한 영향을 주지만 무엇보다도 에너지 절약에 크게 기여할 수 있다

는 것입니다. 소모품을 정기적으로 잘 교체하고 관리하면 점차 차량의 특성이 좋아지면서 최상의 컨디션이 유지되면서 연료가 절약되고 나중에는 내구성이 좋아집니다. 당연히 고장빈도가 줄어들면서 최고의 상태 유지가 가능해집니다.

에코드라이브는 갖가지 운전방법이 동원되면서 에너지 절약에 기여한 방법이나 차량의 관리상태가 최고로 유지되면 같은 연료로 더 많은 거리를 갈 수 있을 정도로 엔진이나 각종 부품 상태가 원만해집니다. 일반 운전자들은 차량관리에 대하여 그렇게 신경을 쓰지 않고 관리를 하는 경우가 많으나 생각 외로 차량관리가 연료 절약에 기여하는 바는 크다고 할 수 있습니다. 엔진오일 등은 하나하나 부품의 원만한 동작과 역할을 증대시킴으로서 최고의 연료소모가 가능하도록 도와주고 상대적으로 내구성이 증대되도록 도와줍니다. 그래서 일반인이 차량관리에 대한 관심을 높여야 하는 이유입니다.

그러나 차량관리가 어렵다고 판단되면 가까운 정비업소에서 관리하면서 조금씩 배워도 나중에 독자적인 훌륭한 관리방법이 가능해집니다. 항상 중요한 것은 관심을 가지고 얼마나 열심히 차량관리를 하는 가가 중요합니다.

07

차량 점검,
에코드라이브에 큰 영향을 준다.

|자 동 차 구 조 학 & 연 비 |

차량을 관리하기란 여간 어려운 일이 아닙니다. 일반인의 입장에서는 점차 복잡해지고 있는 차량에 대한 지식을 익히기도 어렵고 그렇다고 무작정 정비업소에 맡기기도 어렵습니다. 열심히 해서 차량에 대한 기본 지식을 익히려고 노력을 하여야 합니다.

공학에 대한 기본 지식이 있거나 전공을 공학으로 한 경우는 감각적인 습득이 큰 도움이 되나 일반인의 입장에서는 그리 쉽지가 않습니다. 심지어는 자신의 차량에 대한 각종 편의장치 등에 대한 사용법도 몰라서 전혀 사용 못하는 경우도 비일비재합니다. 심지어 폐차될 때 까지 그러한 편의장치가 있는 지조차 모르는 경우도 있습니다. 그 만큼 차량에 대한 지식

습득을 어렵다고 생각하는 경우가 많다는 것입니다. 여기서 가장 중요한 것은 차량 점검 등을 위한 각종 지식의 습득에 대하여 스트레스를 받지 않는 것이 중요합니다. 그냥 편하게 받아들이고 간혹 정비업소 등에서 간단한 것을 배우는 것입니다. 엔진 보닛을 여는 방법부터, 트렁크에 스페어 타이어가 어디에 있고 기본 공구가 어디에 있는지 미리 확인하는 것입니다. 그리고 앞서 언급한 자신의 차량에 있는 각종 편의장치가 어떻게 사용되는지도 함께 배우는 것도 좋습니다. 이러한 장치는 상황에 따라 안전은 물론 연비 향상 등 각종 상황에 도움이 될 수 있습니다. 조금 더 나아가 엔진오일을 어떻게 확인하고 교체시기가 되었는 지도 확인할 수 있는 방법을 배우는 것입니다. 이러한 방법은 그리 큰 지식을 요구하거나 특별한 기술이 필요하지 않습니다. 관심만 가진다면 충분히 배울 수 있고 쉽게 습득이 가능합니다. 필요하면 메모도 하면 더욱 습득 속도가 빨라집니다.

이러한 차량 점검의 정도에 따라, 기본 소모품 등의 교체 여부에 따라, 추후 에너지 절약에 큰 기여를 하고 차량의 내구성도 좌우할 수 있는 중요한 결정을 합니다. 현재의 차량은 품질이 뛰어나고 내구성도 좋은 만큼 얼마나 관심을 가지고 차량을 점검하느냐가 모든 것을 좌우하는 중요한 요소가 된다는 사실을 더욱 인지하였으면 합니다.

08

고급 휘발유와 일반 휘발유의 차이, 옥탄가를 아는지요?

|자동차구조학&연비|

최근 고유가에 따라 유가 관련 관심이 매우 높아졌습니다. 유류의 종류 및 가격적 차이, 특징은 물론 유사 휘발유 등 문제점에 대한 관심도 커졌습니다. 특히 일반 휘발유와 고급 휘발유의 차이점에 대한 관심이 커진 것도 하나의 특징입니다. 우선 가격차가 리터당 저게는 100원에서 많게는 200원 정도가 되어 어떠한 차이가 있는 지에 대한 관심이 높습니다. 어떤 운전자는 고급 휘발유를 주유하여야만 연비가 좋아진다고 생각하는 사람도 종종 있습니다.

고급 휘발유와 일반 휘발유의 차이는 옥탄가라는 용어로 정의됩니다. 옥탄가는 휘발유가 엔진에서 연소할 때 이상연소가 발생하지 않게 조정한 수치라고 할 수 있습니다. 이상연소는 엔진 내에서 휘발유와 공기가 섞여 압축이 정상적으로 되는 시점에 정확하게 점화플러그에서 불꽃이 발생하여 점화되어야 하는데 이렇지 못하여 잘못 연소되는 경우를 말합니다. 다른 용어로는 노킹이라고도 합니다. 이 현상이 발생하면 불완전 연소로 인하여 정상적인 출력과 장상적인 연비가 불가능하고 배기가스도 증가하게 됩니다.

그리고 엔진에서 망치로 두들기는 소리가 연속적으로 들리면서 반복되면 엔진 자체가 망가질 수도 있는 현상입니다. 이러한 현상이 발생하지 않게 옥탄가를 조정하여 휘발유를 제조하고 있다는 것이죠. 우리나라의 경우 일반 휘발유는 약 91에서 93 정도이고 고급 휘발유는 97정도에서 99 정도가 됩니다. 문제는 고급 휘발유는 해당되는 옥탄가에 맞추어 개발된 엔진에 사용하는 것이 좋다는 것입니다. 예를 들면 태어날 때 개인에 따라 입맛에 맞고 기호에 맞는 음식을 먹는 것이 소화도 잘 시키고 건강에 도움이 되듯이 고급 휘발유는 스포츠카나 고급차에 맞추어 개발되었다고 판단하면 됩니다. 고급차나 유럽차가 주로 고급 휘발유가 적당하다고 할 수 있습니다. 우리 국산차나 일본차, 미국차 등은 일반 휘발유를 사용하면 적절하다고 판단됩니다.

따라서 유럽차의 대부분이 일반 휘발유를 사용하면 노킹 등이 발생할 수 있으므로 고급 휘발유는 사용하는 것이 좋고 국산차의 경우 두 가지 종류 모두 사용하여도 되나 굳이 고급 휘발유를 사용하지 않아도 된다는 것입니다. 고급 휘발유를 사용한다고 하여도 특별히 도움이 되는 것은 없습니다. 기호상의 문제인 것입니다. 역시 가장 좋은 방법은 차량 관리를 더욱 철저히 하여 연비를 높이는 것이 가장 좋다고 할 수 있습니다.

09

정부는
연료 절약을 유도하는 장치의 보급에
적극 협력하여야 한다.

| 자 동 차 구 조 학 & 연 비 |

최근 유가가 고공 행진을 하다 보니 차량 유지에 대한 부담을 느끼는 소비자가 늘고 있습니다. 그래서 되도록 연료를 절약하고자 하는 방법을 찾고 있습니다. 가격이 좀 더 저렴한 주유소를 찾기도 하고 차량 소모품의 수기를 늘리기노 하며, 종종 내중교통을 이용하여 사용에 내한 부담을 줄이기도 합니다. 역시 가장 좋은 방법은 자신의 운전방법을 개선시켜 연료를 절약하는 에코드라이브 방법입니다.

에코드라이브 방법은 수십 가지가 있지만 자신에게 맞는 방법을 찾는 것이 필요하고 차량에 가장 잘 맞는 방법을 찾는 것도 필요합니다. 또 다른 방법도 있습니다. 이른바 연료를 절약하는 장치를 장착하여 이를 이용하는 것입니다. 에코 인디케이터는 운전 중 색깔별로 운전의 상태를 나타내어 되도록 고연비 방법을 알려줍니다. 또한 전혀 연료가 소모되는 않는 퓨얼 컷의 상태를 알려주어 자주 활용하게 만들어주기도 합니다.

공회전 제한장치도 있습니다. ISG라고도 불리며, 신호등 앞 등에서 차량이 정지하면 자동으로 시동이 꺼져 연료를 절약합니다. 신호등의 정지 시간이 길어지면 질수록 더욱 연료를 절약할 수 있습니다. 동시에 언덕에서 차량이 뒤로 밀리지 않게 잡아주는 장치도 있습니다. 미리부터 출고 전에 장착되어 나오기도 하지만 애프터마켓용으로 나중에 장착되어 활용되기도 합니다. 연료 첨가제 등도 있습니다. 여러 종류가 출시되고 있으나 이 첨가제는 연료를 절약한다는 취지보다는 엔진의 카본찌꺼기 등 때를 벗겨 상태를 좋게 만들어 줍니다.

물론 이러한 상태는 추후 연료를 아낄 수 있는 토대를 만들어줄 수 있습니다. 그러나 시중에 판매되는 장치 중 연료절감기라는 이름을 가진 장치 중 공인된 장치는 없습니다. 수십 % 이상 연료를 절감시킬 수 있다고 선전하나 불가능한 얘기입니다. 가격도 수십만 원에서 백만 원을 넘는 장치도 있으나 모두가 입증되기 힘든 장치입니다. 도리어 앞서 언급한 장치를 구입하여 장착하고 에코드라이브를 하는 것이 가장 좋은 방법이라고 할수 있습니다. 적절한 방법을 찾아 자신의 것으로 만드는 것이 중요합니다.

10
차량에 탑재된 에너지 절감장치
최대한 활용하자.
|자 동 차 구 조 학 & 연 비 |

    최근 신차의 선택기준은 디자인, 실내외 인테리어, 편의 및 안전장치 등 다양한 기준을 내세우고 있습니다. 그러나 그 근본에는 고연비라는 특성을 요구하고 있습니다. 이제는 경소형차는 물론이고 중대형차도 고연비를 요구하는 소비자의 심리가 작용하고 있습니다. 메이커에서도 이제는 기본적으로 고연비를 기본 사양으로 고려하고 신차를 개발하고 있습니다.

    이 고연비는 엔진 및 변속기 자체의 기술적 진보를 통한 고연비도 당연히 추구하지만 별도의 장치를 통하여 에너지 절약을 유도하기도 합니다. 특히 최근에는 차량에 탑재된 에너지 절감장치들이 많아지고 있는 추세입니다. 예전의 차량에는 이러한 장치들이 없었으나 이제는 많은 차량에 탑재되고 있습니다. 물론 이러한 장치는 항상 작동하는 경우도 있지만 운전석에 스위치를 두고 필요에 따라 활용하는 장치가 많습니다. 즉 운전자가 의지를 가지고 연료를 절약하고자 하는 의지와 함께 이 장치를 활용한다는 것입니다.

대표적인 장치는 에코 세이브 장치입니다. 운전석 한켠에 있는 스위치를 눌러주면 자동차의 상태는 최고의 고연비를 유지하는 상태로 동작되게 됩니다. 갑작스럽게 가속페달을 밟아도 적절한 상승곡선으로 유지하면서 속도가 올라가 적절한 연료를 사용하고, 에어컨도 적정온도를 유지하기도 합니다. 최고속도도 아무리 밟아도 어느 이상으로 올라가지 않습니다.

차량에서 에너지가 크게 낭비하는 경우는 엔진이 식어있을 때 처음 시동을 켤 때와 가속페달을 갑작스럽게 밟았을 때, 속도도 매우 높은 상태로 달릴 때 등입니다. 이때는 연료소모도 커질 수밖에 없습니다. 이것을 방지하고 최적의 상태를 유지하는 장치가 바로 에코 세이브 장치입니다.

에코 인디케이터와 같이 운전자의 에코드라이브를 돕는 장치도 있습니다. 색깔로 보면서 운전방법을 여유 있게 운전하기도 하고 퓨얼 컷 등 연료차단 기능이 작동하는지도 알 수 있습니다. 공회전 제한장치인 ISG가 탑재된 차량도 많아지고 있습니다. 신호등 앞에서 정지하면 엔진이 자동 정지되어 연료를 절약하는 기능입니다. 이러한 각종 장치의 적극적인 활용과 함께 자신에게 맞는 에코드라이브를 활용하면 연료 절약은 배가됩니다.

11

올바른 선팅,
에너지 절약에 큰 도움 된다.

|자동차구조학&연비|

    최근 고유가에 따라 소비자는 가장 큰 영향을 받는 차량의 에너지 절약방법에 큰 관심을 가지고 있습니다. 친환경 경제운전인 에코드라이브 방법도 예전에 비하여 더욱 관심을 가지고 시행하려고 노력하는 모습이 완연합니다. 그 만큼 에코드라이브는 에너지 절약을 위하여 현실적으로 가장 접근 가능한 방법이기 때문입니다. 그 밖에 다양한 방법들이 동원되고 있습니다. 경우에 따라 위험하고 불법적인 방법까지 동원하는 경우가 있는데 안전에 큰 영향을 줄 수 있으므로 절대로 시행해서는 안되는 일입니다.

    최근 신차가 지속적으로 출시되면서 신차를 구입하려는 소비자도 늘고 있습니다. 이제는 신차 구입 조건도 연비를 우선적으로 따지는 소비자가 늘고 있습니다. 다양한 신차 조건을 비교하고 구입하면 가장 우선적으로 차량 창문을 모두 필름으로 처리하는 일명 '선팅'을 하게 됩니다. 이 선팅이라는 용어는 원래 '틴팅'이라고 해야 정상이나 이제는 보편적으로 사용되고 있습니다. 예전에만 하더라도 선팅은 밝게 해야지 진하게 하면 불법으로 처리되어 범칙금을 내는 경우가 많았으나 이제는 단속을 하지 않습니다. 물론 법적으로 남아있으나 법 단속 근거가 애매모호하고 현실적으로 맞지 않기 때문입니다.

　　최근에는 자외선도 기본적으로 차단하는 다양한 필름이 출시되어 소비자가 즐겨 찾고 있습니다. 선팅은 최근 더욱 인기를 끄는 이유는 차량이 멋있기도 하고 우선 차안의 사생활 보호가 가능한 잇점이 있습니다. 특히 더운 여름철 뜨거운 햇빛에서 차안의 온도를 유지시켜 상당한 양의 에너지를 절약할 수 있습니다. 같은 에어컨을 가동하여도 적은 에너지로 온도를 낮출 수 있습니다. 특히 최근과 같이 에너지 절약이 가장 중요한 이슈가 되어 있는 상황에서 더욱 좋다고 할 수 있습니다. 그래서 적절한 선팅 필름의 선택과 장착은 좋다고 할 수 있습니다.

　　그러나 다른 운전자의 시야를 방해할 정도로 짙은 선팅이나 반사되는 필름 사용은 다른 운전자의 눈부심을 일으킬 수 있으므로 절대로 사용해서는 안됩니다. 특히 어두운 필름의 사용은 터널이나 실내 주차장에 갑작스럽게 진입할 경우 시야가 방해가 되면서 위험한 경우가 발생할 수 있으므로 적절한 선팅을 권장합니다.

12

자동차 구조변경, 함부로 하면 연비 및 안전도가 나빠집니다.

|자동차구조학&연비|

연비에 대한 관심은 최근 친환경과 고연비가 강조되면서 특히 증가하고 있습니다. 여기에 소형화 추세까지 가미되면서 경소형차의 증가도 좋은 현상 중의 하나입니다. 그 만큼 연비는 이제 누구나 생각하고 고민하는 사항이 되었습니다. 이제 에너지 절약은 공통 관심사의 하나입니다. 가상 좋은 방법은 역시 친환경 경제운전인 에코드라이브라고 할 수 있습니다. 에코드라이브 실천 강령 10가지를 중심으로 각종 에너지 절약방법이 즐비합니다. 그러나 자동차를 좋아하는 것은 괜찮으나 잘못된 정보로 차량 안전에 중요한 악영향을 줄 수 있는 방법이 동원되거나 연비를 떨어뜨리는 방법도 구사하고 있다는 것입니다.

이른바 잘못된 자동차 구조변경입니다. 우리는 이 용어를 총칭하여 자동차 튜닝이라고도 하나 이 의미는 잘못된 것입니다. 자동차 튜닝의 올바른 정의는 일반 양산차에 숨어있는 각 기능을 최대한 살려 안전한 최고의 차량을 만드는 것입니다. 아주 긍정적인 용어라는 것이죠. 그러나 우리는 각종 매스컴 등에서 불법 튜닝이라는 용어를 많이 사용하고 있습니다. 정확한 의미는 불법 튜닝이 아니라 불법 부착물이라는 것이 더욱 정확합니다. 불법 튜닝이라는 용어를 사용하다보니 튜닝 자체가 부정적인 의미 전달이 되었다고 판단됩니다. 그래서 이제부터라도 정확히 정의하여 올바르게 사용하여야 합니다.

최근 이러한 불법 부착물을 사용하여 안전에 장애를 주는 경우가 많습니다. 불법 HID 전조등이나 각종 색깔의 잘못된 각종 등화장치, 무리하게 장착한 리어 스포일러 등 드레스업 계통의 불법 부착물 등도 많고 엔진 튜닝까지 하여 연비가 나빠지는 경우도 늘고 있습니다. 연비뿐만 아니라 차량 자체를 망가뜨리는 경우도 많습니다. 예전에는 있을 수도 있었으나 현재 출력 증강을 위하여 연비를 떨어뜨리는 방법은 사용하지를 않습니다. 도리어 친환경, 에코나 그린 튜닝이 개발되고 장착되고 있습니다. 자신의 차량에 맞는 정확한 내용을 파악하여 올바른 튜닝문화가 정착되어 에너지 절약과 긍정적인 자동차 문화에 큰 역할을 하였으면 합니다.

13

적정공기압 유지만으로
연간 3만 3천원 절약

|자동차구조학&연비|

최근 가장 인기를 끌고 있는 것이 고유가 시대에 따른 에너지 절약 법입니다. 역시 대표적인 것이 친환경 경제운전인 에코드라이브입니다. 물론 에코드라이브 실천 강령 10가지가 가장 대표적인 방법을 모아 논 것입니다. 자신에게 맞는 에코드라이브 방법을 찾아 운전방법을 개선하면 그만큼 연료가 절약되고 그 양은 생각보다 크다는 것입니다. 특히 정부나 지자체의 역할이 중요합니다. 적극적인 홍보나 캠페인 활동을 통하여 국민들을 설득하고 그 효용성을 강조하는 것이 중요합니다. 한 번에 이루기보다 지속적으로 강조하면 분명히 변하는 것을 알 수 있습니다. 기업체의 역할도 중요합니다. 자동차 메이커이면 더욱 좋습니다.

지난 수년 동안 르노삼성자동차는 지속적으로 에코드라이브 캠페인을 열고 있습니다. 여러 가지를 한꺼번에 홍보하는 것이 아니라 계절에 맞는 가장 적절한 방법을 한 가지 강조하는 것입니다.

이번에는 타이어 적정 공기압 캠페인입니다. 타이어의 적정 공기압 유지는 에너지 절약뿐만 아니라 안전에도 지대한 영향을 주는 핵심 분야입니다. 그래서 더욱 의미가 크다고 할 수 있습니다. 매년 7월에 자동차 타이어의 정기적인 체크를 통해 불필요한 연료 소모 및 연비 저하를 방지하자는 취지로 이 캠페인을 시작한 르노삼성차는 올해 5월부터는 정기적으로 매달 첫째 수요일마다 적정 공기압 유지 캠페인을 전개해 고객들의 자발적인 참여를 늘려 나갈 계획이라고 합니다. 공기압은 일반적으로 3개월마다 약 10%씩 줄어들고, 공기압이 10% 부족할 경우 약 1%의 연료비가 낭비됩니다. 월 150 L를 사용하는 일반 운전자가 타이어 공기압이 10% 부족한 상태로 1년간 주행한다고 가정했을 때, 약 3만 3,300원의 유류비가 낭비될 것으로 추정되고 있습니다.

우리나라에 약 1,860만 대 승용차가 등록되어 있다는 것을 감안한다면 적정 공기압 유지만으로도 약 6,000원의 에너지 절약효과와 약 80만t의 탄소 배출 감소효과를 거둘 수 있는 것입니다. 이번 기회로 자신의 차량에 대한 타이어 공기압을 점검하는 계기로 삼았으면 합니다.

14

자동차 관리
조금만 신경쓰면...

|자동차구조학&연비|

　　최근 자동차는 내구성 및 애프터서비스가 좋아져서 오래도록 편하게 사용할 수 있습니다. 그래서 그런지 요즈음에는 그다지 차량 관리에 신경을 쓰지 않는 것 같습니다. 특히 차량에 펑크가 나거나 연료가 떨어지기라도 하면 굳이 본인이 나서서 하기 보다는 보험 긴급 서비스를 받는 깃이 보편화되어 있습니다. 분명히 우리나라는 서비스 등 각종 분야에서 편한 국가임에 틀림이 없습니다. 그래도 조금 긍정적으로 보는 것은 주유소의 셀프서비스화가 조금은 진행되어 보기가 좋습니다. 예전에 한 두업체가 진행하다 포기한 경우가 있었는데 굳이 조금 비용을 아끼자고 본인이 직접 주유하는 것을 꺼려하였기 때문입니다.

그러나 최근에는 셀프서비스 주유소가 늘면서 보급 속도가 늘어나고 있습니다. 최근에는 5%를 넘어서고 있습니다. 상당히 의미 있는 현상이라 할 수 있습니다. 차량도 마찬가지입니다. 꼭 명절 같은 장거리 운전 때뿐만 아니라 평상 시에 조금만 신경쓰면 차량의 내구성 보장은 물론 고장 빈도를 줄이고 심지어는 예방 차원에서 큰 사고도 예방할 수 있습니다.

물론 국내 메이커의 차량 제작 수준은 이제 세계 최고 수준입니다. 그러나 차량은 2만개 이상의 부품으로 조합된 정밀 기계 덩어리입니다. 사용하다 보면 고장나는 부위가 발생하는데 평상 시 차량 관리에 신경을 쓰면 이 부분을 찾을 수가 있다는 것입니다. 굳이 에코드라이브 실천 강령 10가지에 정기적인 차량관리 항목이 있지만 이것에 앞서 미리부터 차량관리를 하면 여러 장점이 있다는 것입니다.

물론 부수적으로 연료 절약도 기본으로 따라옵니다. 본인이 차량에 대하여 모르더라도 자주 가는 단골 정비업소에서 자주 들르고 들여다보고 물어보면 자연스럽게 지식이 쌓여갑니다. 관심이 중요한 부분이라 할 수 있습니다. 관심도에 따라 문명의 이기가 되느냐 애물단지가 되느냐가 결정됩니다. 오늘부터라도 한번 신경을 쓰기 바랍니다.

15

올바른 변속기 사용을 통한 에코드라이브는?

|자동차구조학&연비|

자동차용 변속기는 많은 발전을 이룩하여 왔습니다. 변속기는 엔진에서 발생한 에너지를 효율적으로 제어하여 바퀴에 전달하는 중요한 핵심 부품입니다. 변속기의 특성에 따라 운전감각이 확연히 다르고 승차가 불안하게 되기도 하고 연비가 나빠지게 됩니다. 이에 따라 자동차 메이커는 좋은 변속기를 개발하고 탑재하여 소비자에게 그 장점을 부각시키고 있습니다. 변속기는 크게 세 가지 종류가 있습니다. 예전부터 사용되어 온 수동변속기와 클러치 없이 자동으로 기어가 변속되는 자동변속기 그리고 기어가 없이 벨트의 지름이 변하면서 가감속에 대응하는 무단 변속기입니다. 우리나라는 자가용의 경우 약 99%가 자동변속기입니다. 차량에 따라 4단, 6단,

8단 자동변속기 탑재되고 있습니다. 자동변속기는 운전자가 사용하는 방법에 따라 사용되는 에너지는 물론 내구성과 승차감을 좌우할 수 있습니다. 최근 친환경 경제운전인 에코드라이브에 대한 관심이 늘고 있습니다. 고유가에 따라 가장 많은 에너지가 소모되는 자동차의 운행방법이 중요함은 당연하다 할 수 있을 것입니다. 우선 자동변속기는 무리하게 다루지 말아야 합니다. 수동변속기 같이 앞으로 가다가 완전히 정지하지 않은 상태에서 후진한다든지 하면 무리가 가게 됩니다. 완전히 차량이 정지된 후 변속을 하고 움직여야 내구성에 문제가 없습니다. 신호등 앞에서 정지할 때 에너지 절약을 위하여 권장하는 D에서 N으로의 전환도 급하게 하지 말고 다시 D로 전환한 후 가속페달을 밟아야 합니다. 언덕에서는 당연히 D만 고수하지 말고 1, 2 또는 아랫단을 이용하여 충분한 힘으로 올라가는 것이 변속기에도 좋고 에너지도 적절히 사용할 수 있습니다. 대부분의 사람들이 D만을 사용하는 경우가 늘고 있는데 상황에 따라 다양한 사용을 권장합니다. 내리막 길에서도 엔진브레이크를 사용하기 위하여 1, 2 또는 아랫단 기어를 사용하여 일반 브레이크도 보호하면서 특히 안전을 기해야 합니다. 아직도 D만을 고수하면서 풋브레이크만을 사용하여 사고가 나는 경우가 종종 있습니다. 올바른 변속기 사용 안전은 물론 에코드라이브의 시작입니다.

16

차량 내의 습기제거 등 철저한 관리가 필요한 시점입니다.

|자동차구조학&연비|

　　지난 여름은 특히 국지성 폭우가 쏟아지면서 차량의 손실이 컸습니다. 폭우에 침수된 차량이 전국적으로 2만대는 될 것으로 추정됩니다. 이러한 차종이 시장에 쏟아지면 그 만큼 선의의 피해자가 늘 것으로 보여 걱정입니다. 내부분의 차량이 이렇게 여름을 거지면서 다양한 습기에 노출되었습니다. 자동차는 습기가 가장 큰 적입니다. 각종 부품 중 전기전자 부품이 많아지면서 더욱 관리를 잘해야 합니다. 바닥에 물이 들어 온 차량도 있을 것이고 약간의 습기 정도만 노출된 차량도 있을 것입니다. 아니면 그냥 습기만 노출되어 실내가 축축한 경우도 있을 것입니다. 어떤 사례도 그냥 놔두면 실내에 곰팡이 등이 생기면서 실내 공기가 열악해집니다. 운전자의

호흡도 그렇지만 혹시나 가족 등이 동반하게 되면 아토피나 알레르기 질환이 도지게 됩니다. 그래서 더욱 실내 환기 등을 통하여 깔끔하게 말려야 합니다. 날씨 좋은 날 아예 바깥에서 차량 문을 모두 열고 에어컴프레셔로 불어내는 것도 괜찮습니다. 에어는 정비업소에 가서 이용할 수 있을 것입니다. 당연히 바닥 매트도 모두 꺼내어 먼지를 털고 역시 말려주세요.

트렁크도 마찬가지입니다. 특히 트렁크는 물의 노출에 취약하여 새는 경우도 종종 있습니다. 바닥 매트를 들추면 스페어 터이어 및 공구 등이 나오는데 바닥에 물기는 없는 지 확인하는 것도 필요합니다. 습기가 있으면 공구 등이 녹슬고 곰팡이 등은 당연히 발생합니다. 역시 말리고 각종 도구 등은 정리하여야 합니다. 맑은 날 말려야 효과가 큽니다. 경우에 따라 며칠을 말려야 하는 경우도 있습니다. 생각 외로 마르지 않아 고생을 하기도 합니다. 부품도 수명을 연장할 수 있습니다.

습기는 건강에도 좋지 않지만 자동차의 고장을 유발합니다. 운행하다가 갑자기 고장이 발생합니다. 전조현상도 없습니다. 그래서 물에 빠진 침수차 등은 절대로 구입하지 말아야 하는 이유입니다. 본인의 차는 말할 필요가 없습니다. 습기만 잘 조치하여도 수명은 생각대로 늘릴 수 있습니다. 그 다음은 소모품의 정기적인 교환입니다.

이것이 에코드라이브입니다.

17

수동변속기 차량
운전 가능합니까?

|자동차구조학&연비|

　　국내에서 승용차 중 수동변속기를 장착한 차량이 거의 없어지고 있습니다. 최근에 출시되는 차량 중 99% 이상이 자동변속기 차량입니다. 일본이나 미국 등이 자동변속기를 선호하고 있고 유럽은 아직 과반수가 수동변속기 차량입니다. 자동변속기는 도심기 등에서 가다서다를 반복하는 경우 클러치를 사용하지 않아 편하게 운전할 수 있는 장치입니다. 그러나 상대적으로 연비가 떨어지고 신차 구입 시 별도의 비용을 내야 하고 관리비용도 수동변속기에 비하여 많이 소요됩니다. 에너지 절감에 대한 인식이 강한 유럽의 경우 그래서 수동변속기를 아직 선호합니다. 우리는 상대적으로 너무 미국 쪽에 치중이 되어 있습니다. 에너지 낭비가 큰 쪽에 치중이

되어 있다는 뜻입니다. 미국은 에너지에 대한 인식이 우리보다 약합니다. 자급자족도 상당 부분 되고 있고 해외에 의존하는 에너지도 이미 확보되어 있습니다.

우리는 전체의 97%를 수입하면서 낭비요소는 큰 국가입니다. 그래서 변해야 합니다. 메이커에서도 수동변속기를 선택할 수 있는 옵션을 부활하여야 하고 정부도 노력하여야 합니다. 면허도 자동변속기 운전면허가 별도로 있어 이를 촉진시키고 있습니다. 설사 일반 면허를 가지고 있어도 수동변속기 차량을 운전해 본지 오래되어 운전을 못하는 사람도 대부분입니다.

간혹 유럽에 렌트라도 하게 되면 승용디젤차에다가 수동변속기가 장착된 차량이 선택되어 낭패를 보는 운전자도 있습니다. 연비와 이산화탄소 배출, 고장빈도 등 모든 면에서 우수한 수동변속기를 부활하는 것 어떻습니까? 그리고 한번 이 차량을 운전해보는 것 어떻습니까? 역시 신차 구입비용 100만원 이상 저렴하나 지금은 선택의 여지도 없는 실정입니다.

ECO

part
05

연비 경쟁

DRIVE

01

중형차 35년 운전하면 소모되는 유류비는 1억 4천만원

|연비경쟁|

　　최근 친환경 경제운전인 에코드라이브에 대한 관심이 높은 가운데 가장 큰 목적인 연료비 절감에 대한 관심이 어느 때보다 커지고 있습니다. 더욱이 최근 유가가 급등하면서 더욱 일반인의 관심이 높아지고 있습니다.

　　최근 관심이 가는 발표가 있어 더욱 관심을 높이고 있습니다. 가장 대표적인 중형차인 쏘나타를 출퇴근용으로 평생 동안 운전하면 휘발유 값만 1억원이 넘는다는 흥미로운 조사 결과가 나왔습니다. 자동차 관련 시민단체가 2천cc급 YF쏘나타를 30~65세까지 운전하는 사람이 쓰는 휘발유 값은 모두 1억4천만원으로 계산된다고 밝혔습니다. 이 계산은 휘발유값을 L당 1천800원 가정한 결과입니다. 이 때 YF쏘나타로 자동변속으로 시내

주행을 할 때 평균 시내연비를 9㎞/L로 보고 1년에 2만㎞(하루 평균 55㎞, 교통안전공단 통계)를 주행한다는 조건 하에 이런 결과가 산출됐다고 설명했습니다.

1년으로 치면 휘발유 값으로 401만원을 쓰는 셈입니다. 특히 최근 휘발유값이 더욱 올라가고 있어 비 산정한 결과보다 더욱 높은 비용으로 소모된다는 뜻도 가지고 있습니다.

또 현재와 같은 유류세 정책이 유지된다면 쏘나타 운전자가 평생 쓰는 휘발유값 중 절반 정도인 7천만원을 간접세로 내게 되는 결과와 같습니다. 그래서 일각에서는 유가 관련 세금으로 너무 많은 세금을 부과하는 것이 아니냐는 반문도 하고 있습니다. 또한 시내주행 연비 7㎞/L를 기준으로 대형 승용차인 그랜저를 35년간 운전할 때 휘발유값은 1억8천만원이었고 아반떼가 1억1천500만원, 마티즈는 9천만원 수준으로 집계되었습니다. 이 때 아반떼는 11㎞/L, 마티즈는 14㎞/L를 기준으로 산정했습니다. 현재 L당 1천800원선인 휘발유 값이 100원 오를 때마다 쏘나타 운전자는 35년간 780만원을 더 내야 합니다. 이러한 결과를 보면 우리는 더욱 낮은 배기량의 경소형차를 이용하여야 하고 에코드라이브 운동을 통하여 더욱 에너지 절감에 노력하여야 한다는 사실을 알 수 있습니다. 지금이 바로 노력하여야 하는 시점입니다.

02
최근 출고되는 신차는
연비를 우선으로 홍보한다.

|연비경쟁|

매년 쏟아지는 신차가 특히 많아지게 되면 신차에 따른 피로현상이 나타나기도 합니다. 어느 때에는 1주일에 두 가지 이상이 출고되다 보니 그 차가 그 차인 피로현상이 나타나는 것입니다. 그래서 출고하는 메이커에서는 더욱 고민이 많아지고 있습니다. 다른 경쟁 차와의 차별화 전략이 필요하다는 것입니다. 그래야만 소비자는 물론 처음 신차와 접하는 언론과의 차별성을 강조할 수 있기 때문입니다. 결국 소비자가 신차를 택일하는 요소를 찾아서 부각시키는 방법입니다.

최근 소비자들의 신차 선택 요소는 더욱 까다로워지고 있습니다. 예전의 실내외의 편의 장치나 동력 성능 등이 아니라 외부 디자인, 실내외 편의 및 안전장치, 가격 등이 큰 요소로 떠오르고 있습니다. 그 중에서도 모든 차종에 해당되는 공통분모가 바로 연비입니다.

　　최근 기술발전 속도가 남다르게 발전하다보니 고성능 출력과 연비를 갖춘 차종이 많아지고 있습니다. 올해 출고되는 신차 중에서도 연비가 리터당 20Km를 넘는 차종이 많습니다. 물론 무거운 차종보다 상대적으로 가벼운 중소형 차종이 많습니다. 더욱이 유가가 급등하면서 연비에 대한 관심은 더욱 높아지고 있어서 고연비 차종을 찾는 소비자들도 많아지고 있고 고성능 고급 프리미엄 차종을 선택하면서도 연비를 꼭 확인하는 경우도 늘고 있습니다.

　　아무리 좋은 차종이라 하더라도 신차를 이끌면서 소모되는 저연비는 더 이상 인정을 받기가 힘듭니다. 그래서 세계 최고 수준의 스포츠카나 고급 차종이면서도 연비를 높이기 위한 노력에 심혈을 기울이고 있는 것입니다. 물론 앞으로는 연비와 함께 1Km 주행당 배출되는 이산화탄소도 중요한 홍보방법이 될 것입니다. 앞으로는 머지않아 이산화탄소 배출이 많은 차종은 더욱 고가로 구입될 수 있게 세금 부과가 커질 것이기 때문입니다. 당연히 신차를 구입하려는 소비자도 첫 번째 구입 기준을 연비로 하는 습관을 키우기 바랍니다.

03

각종 연비왕 대회가
많아졌으면 합니다.

|연비경쟁|

최근 신차가 많이 출시되면서 일반인들의 관심이 대단합니다. 이때 생각한 신차를 교체하고자 하는 사람도 많다는 것입니다. 특히 최근 출시되는 신차는 연비가 매우 높고 친환경 요소가 강조되어 있습니다. 동시에 소비자가 요구하는 각종 옵션도 소비자를 유혹하고 있습니다. 그러나 최근 고유가는 국민들의 마음을 무겁게 짓누르고 있습니다. 부담이 커졌다는 것입니다. 그래서 나타나는 현상이 경소형차 선택인 점도 두드러지고 있고 친환경 경제운전인 에코드라이브에도 관심이 매우 높다는 것입니다.

이 경우 정부나 지자체가 나서야 합니다. 이 운동은 개인의 운전습관을 개선시켜 에너지를 절약하는 운동인 만큼 정부 차원의 적극적인 홍보와 캠페인 활동을 통하여 방법을 가르쳐주어야 합니다. 그냥 알아서 하라는 의미는 우리에게는 맞지 않습니다. 선진 외국의 사례를 보아도 정부 차원에서 얼마나 열심히 하는 지 알 수 있고 그 효과는 국민들의 적극적인 동참과 에너지 절약으로 나타납니다. 물론 방법은 다양합니다. 현재 진행되는 에코드라이브 포탈 사이트 활성화도 필요하고 각종 이벤트를 통하여 국민들의 관심을 이끌 수 있도록 노력하여야 합니다.

특히 충분한 예산편성이 중요합니다. 필요 없이 낭비되는 예산은 많이 있습니다. 좀 더 내실 있고 국민이 동참할 수 있는 부분에 많이 사용한다면 국민이 내는 세금의 의미가 더욱 값지지 않을까 판단됩니다. 한 가지 좋은 방법은 연비왕 선발대회를 자주 개최하는 것입니다. 정부와 지자체가 나서고 방법도 다양하게 하면 됩니다. 당연히 메이커도 나서서 자사의 차량을 중심으로 하여도 좋습니다. 바람을 일으키자는 것입니다. 그리고 그 자리에서 각종 에코드라이브도 가르치고 효과도 확인하는 것입니다. 신문 및 방송 매체도 나서서 홍보하고 자극을 주는 것입니다. 아무리 급하고 거친 운전을 하는 우리지만 효과는 점차 나타날 것입니다. 그리고 동참 세력도 커지면서 생활의 일부분으로 에코드라이브는 나타날 것입니다. 현 정부가 내세우는 저탄소 녹색성장의 의미가 바로 여기에 있습니다.

04

앞으로는 차량 연비 경쟁이 더욱 치열해진다.

| 연비경쟁 |

최근 국내모터쇼를 비롯한 세계의 모터쇼를 보면 모두가 고연비 친환경 차량에 초점이 맞추어져 있습니다. 컨셉트카도 모두가 친환경 차량입니다. 하이브리드차, 전기차, 클린디젤차, 연료전지차 등입니다. 물론 아직 친환경차의 비율은 미미합니다. 사실은 대부분 기솔린 차량과 디젤차량이 거의 전부라고 할 수 있으나 이 차량도 고연비 친환경을 지향하는 것은 같다고 할 수 있습니다.

이제 리터당 20Km넘는 차량은 주변에서 많이 볼 수 있을 것입니다. 이제 기본사항이 되고 있습니다. 유럽 등에서는 예전부터 3리터카라는 명칭이 많이 사용되었습니다. 연료 3리터를 가지고 100Km를 갈 수 있다는 것입니다. 즉 리터당 33.3Km를 달릴 수 있다는 것이죠. 이러한 꿈같은 차량이 본격 등장 합니다. 우리가 항상 강조하는 친환경 경제운전인 에코드라이브를 잘 하면 40Km는 충분히 갈 수 있다고 봅니다. 이제 꿈같은 얘기가 실행됩니다. 그래서 소비자는 지속적으로 메이커에 고연비 차량을 만들도록 압력을 가해야 합니다. 실제 구매로서 보여주는 것도 좋습니다. 지금도 물론 소비자는 고연비 차량 선택을 기본 요건으로 하는 사람이 상당수입니다.

특히 하이브리드차를 넘어 플러그인 하이브리드차가 본격적으로 등장하면 연비 개념이 확 달라집니다. 전기에너지를 사용하면 연비에 대한 기준이 확연하게 올라가기 때문입니다. 머지 않아 화석연료 기준 연비 50Km를 넘는 차량도 곧 등장할 것입니다. 전기차의 활성화는 자동차 역사 120년 중 가장 큰 전환점이 될 것입니다. 우리가 이러한 친환경차를 주도하는 국가가 되었으면 합니다. 충분한 역량이 있는 만큼 기대를 하는 것도 필요합니다. 모두가 노력하면 이루어질 것입니다.

05

고성능차도
고연비를 추구한다.

|연비경쟁|

최근 출시되는 자동차는 예전과 달리 친환경 고연비가 기본조건으로 갖추기 시작했습니다. 소비자들도 차량 선택 시 고연비 기준을 첫 번째 기준으로 생각하면서 실제로 고연비 차량의 판매가 늘고 있습니다. 이러한 추세는 예외가 없다는 것입니다. 고가의 프리미엄 차량의 경우도 차량 구입을 하면서 연비가 낮다든지 하게 되면 이상한 눈초리로 쳐다보았으나 이제는 동전의 양면을 요구하듯이 큰 차량이면서도 고연비를 확인하기 시작했습니다.

국내에서 판매되는 수입차의 경우 고급 대형 차량이면서도 하이브리드 기능 등을 넣어 고연비로 추구하는 이유도 바로 여기에 있을 것입니다. 특히 유럽산의 경우 클린디젤 기술의 강점을 무기로 고연비와 고성능을 추구하여 만족도를 높이는 점도 특이한 사항이라고 할 수 있습니다. 더욱이 꼭 예외로 있었던 스포츠카 같은 고성능 차량의 상태가 바뀌고 있다는 것입니다. 고성능 스포츠카는 고가이기도 하지만 출퇴근용으로 불가능할 정도로 유지비가 많이 들고 관리가 어려워 운행하기보다는 보는 특성이 강하다고도 할 수 있습니다. 연비는 실제 연비가 리터당 3~4Km 이하일 정도로 열악하여 운행 자체가 어렵기도 합니다.

그러나 최근 변하고 있습니다. 연비 향상을 위한 기술개발을 적극적으로 하기 시작했고 특히 이산화탄소 같은 배출가스의 규제가 국제적으로 본격화될 징조를 보이면서 역시 기술개발을 서두르고 있습니다. 앞으로는 고성능 스포츠카는 기본 연비와 배출가스 기준을 못 맞추면 운행이 어려운 시대가 올 수도 있을 것입니다. 그래서 같은 감각을 지니면서 전기 스포츠카를 만드는 것도 이러한 이유가 있을 것입니다.

F1 같은 모터스포츠 경기에서도 친환경 타이어를 사용하고 각종 규제를 통하여 친환경을 추구하는 경향이 늘고 있습니다. 어느 차종이나 경기 등 모두가 예외가 없다는 것을 알 수 있습니다. 아마도 10~20년 이후의 세상은 차량의 개념이 친환경과 고연비의 조건을 만족시키지 못하면 완전히 퇴출되는 시기가 도래할 것으로 확신하고 있습니다.

06

자동차 연비 상승
앞으로 더욱 속도를 낸다.

|연비경쟁|

최근 출시되는 자동차의 연비 상승이 더욱 커지고 있습니다. 대부분의 사람이 느끼는 부분이지만 몇 년 전의 차량 연비와 최근 출시되는 차량의 연비상승 속도를 생각하면 비교가 되지 않을 정도로 커지고 있는 것을 느낍니다. 그 만큼 기술적 발전도 더욱 커지고 있고 수비자의 차량 선택 기준이 우선적으로 연비 쪽으로 쏠리고 있기 때문입니다. 결국 메이커는 연비를 높이기 위하여 고배기량보다 저배기량으로 큰 차체보다 작은 차체 방향으로 개발 방향을 돌리고 있습니다. 물론 큰 차량과 고배기량을 지향하는 사람이 당연히 존재하지만 전체적인 개발 방향이 작은 배기량 영역으로 바뀌고 있다는 것입니다.

가장 친환경적이라는 전기차의 개발방향도 당연히 작은 차체와 가벼운 무게로 자리매김하고 있고 큰 배기량과 큰 차체의 대명사인 미국 차의 경우도 4천 cc 이상의 배기량을 가진 차량을 보기 힘들어지고 있습니다.

가장 중요한 점은 소비자의 선택이 연비를 우선적으로 따진다는 것입니다. 경쟁모델 사이에 여러 차종을 고르면서 선택 기준이 여러 가지이나 이 중 연비가 가장 중요한 기준이 되고 있습니다. 신차의 홍보 방향도 이제 기본적으로 연비를 우선적으로 내세웁니다. 예전에 신차를 소개하면서 우선적으로 출력과 토크를 비교하던 시기와 완전히 다른 양상입니다. 연료의 종류도 휘발유와 경유를 기준으로 하이브리드가 가세하는 형상입니다. 가장 좋다는 전기차는 아직 완전한 양산화에는 많은 시간을 요합니다.

현재 중소형차 미만은 연비가 리터당 20Km를 넘는 차종이 많습니다. 아마도 수년 이내에 리터당 30Km를 넘는 차종도 등장할 것입니다. 그리고 여기에 운전방법을 개선시켜 연료를 절약하는 친환경 경제운전인 에코드라이브 방법까지 가미한다면 더욱 운전자가 느끼는 연비는 더욱 올라갈 것입니다. 소비자는 즐기기만 하면 됩니다. 그리고 냉정하게 따지고 요구하며, 개선시켜 연비를 올리도록 노력하여야 합니다. 물론 본인의 개선 노력은 더욱 중요할 것입니다.

07
최고 연비
어디까지 갈 것인가?
|연비경쟁|

　　최근의 화두는 친환경차입니다. 이 중에서도 개인적으로 가장 큰 관심은 고연비일 것입니다. 연비가 높을수록 연료가 절약되는 만큼 고유가에 따른 가계비 절약을 위해서도 고연비는 핵심적인 관심사가 될 수 밖에 없을 것입니다. 그래서 최근 출시되는 자동차는 연비가 예전과는 달리 매우 우수하다는 것을 알 수 있습니다. 소형차는 이미 리터당 25Km를 넘는 경우가 많아지고 있고 중형차 이상은 20Km를 넘는 경우가 많습니다. 물론 배터리를 겸용하는 하이브리드차의 경우는 더욱 높습니다. 아마도 수년 이내에 리터당 30Km를 넘는 차종이 등장할 것입니다. 과연 자동차 기술은 어디까지 발전하여 연비가 높아질 수 있을까요? 일례로 저연비 자동차 대회가 있습니다. 저연비는 고연비라 생각해도 됩니다. 저연비의 경우는 연료의 비용을 뜻한다고 보고 연료의 비용이 적다고 판단하여 저연비라 칭한다 생각하면 됩니다. 고연비와 같은 말이라는 것입니다. 이 대회의 경우 가능한한 적은 차체로 유선형으로 만들고 운전자도 가능한한 몸무게가 적은 사람이 운전하여 무게를 줄이는데 최선을 다합니다. 엔진은 가능한 무게가 적게 만들고 배기량은 약 45cc 정도가 됩니다. 바퀴는 자전거 바퀴나 휠체어 바퀴를 사용합니다. 평지 아스팔트를 운행하여 우승자를 결정하는 방식입니다. 세계 기록으로는 휘발유 리터당 약 2,000Km를 갈 수 있습니다. 우리나라의 기록은 1,500Km 정도를 갈 수 있습니다. 물론 직접 끝까지 가는 것이 아니라 일정 거리를 주행하여 남은 연료를 추정하여 산정하는 방법입니다. 이 경우는 안전보장이 안되고 단순히 장거리 운전을 목적으로 합니다. 일반 자동차와는 차원이 다르다고 할 수 있습니다. 일반 자동차는 안전장치와 편의장치 등 각종 장치의 탑재와 성인 4명 이상이 탈 수 있으며, 약속된 각종 장치가 의무 장착되어야 합니다. 이러한 양산형 자동차는 앞으로 머지않아 리터당 40Km는 충분히 가능할 것으로 확신합니다. 메이커의 연비경쟁이 어디까지 가고 어디까지 가능한지 궁금하기만 합니다. 이것을 기다리는 것도 재미있을 것입니다.

08

과연
차량의 최고 연비를 나타내는 속도는
얼마일까?

|연비경쟁|

친환경 경제운전인 에코드라이브는 개인의 운전방법을 개선시켜 에너지를 절감하는 최고의 운동입니다. 영국, 일본을 비롯하여 선진국 20여 국이 에코드라이브 운동을 열심히 하고 있습니다. 역시 각 나라별로 에코드라이브 실천 강령이 있습니다. 나라별로 자신의 문화나 운전특성이 맞는 에코드라이브 방법을 권장하고 있습니다. 우리도 마찬가지입니다. 실천 강령 10가지 중 비슷한 경우도 많지만 유사 연료 사용하지 않기 등 다른 나라에 없는 사례도 있습니다.

유사연료 사용은 우리나라가 많은 편이고 사회 문제화 되고 있는 사례입니다. 절대로 사용하면 안되고 판매해서도 안됩니다. 이러한 여러 가지 실천 강령 중 정속도 유지하기가 있습니다. 문제는 정속도가 어느 속도를 말하는 가입니다. 예전부터 차량의 최고연비를 자랑하는 속도는 시속 60Km라고 되어 있습니다. 지금도 모두 같은 속도일까요?

현재의 차량은 많은 발전을 이루었습니다. 차체가 가볍기도 하지만 엔진, 변속기 등 핵심 장치의 발전을 이루어 예전과는 비교가 되지 않습니다. 그러나보니 최고 연비를 자랑하는 속도에 대한 얘기가 많습니다. 일각에서는 아직도 모든 차량이 모두 시속 60Km라고 얘기하기도 합니다. 또 차종에 따라 다르다고 얘기하기도 합니다. 그러면 자신의 차량에 맞는 정속도가 무엇인지 일반인은 혼동을 일으킬 수 있습니다. 과연 어느 것이 맞을까요?

엄밀히 얘기하면 차종에 따라 조금씩 다릅니다. 실험을 해보면 경소형차는 시속 60Km 정도가 잘 맞고 중대형차로 올라갈수록 조금씩 올라간다는 것입니다. 그래서 적어도 시속 60Km 많게는 시속 80Km 정도가 맞다고 할 수 있습니다. 역시 확실한 것은 차종에 따라 다르다는 것입니다. 해당 차량의 엔진과 변속기 성능과 차량 무게 등에 따라 달라질 것입니다.

한번 자신에게 맞는 정속도가 무엇인지 연비를 주유량으로 측정하는 것도 괜찮습니다. 역시 가장 중요한 것은 자신의 차량에 맞는 운전법을 운전자가 찾는 것입니다. 이른바 운전자와 차량의 궁합입니다. 최고의 연비를 자랑하는 에코드라이브 방법을 찾기 바랍니다.

09

차량 경량화
연비 향상의 최고 관건이다.

|연비경쟁|

연비향상을 위한 메이커의 노력이 가일층 커졌습니다. 최근 연비향상과 친환경 요소가 강조되면서 되도록 소비자가 선호하는 차량을 만들기 위한 메이커의 경쟁이 치열합니다. 쉽지는 않으나 분명히 하여야 하는 과정이라는 것입니다.

연비를 높이는 방법은 크게 세 가지가 있습니다. 엔진을 업그레이드 하는 방법과 차량 경량화 작업, 그리고 공기역학적으로 만들어 공기의 저항을 작게 받는 방법입니다. 물론 하이브리드차나 전기차 등은 이러한 방법에 추가되는 별개의 방법이라고 할 수 있습니다. 이 중에서도 경량화 작업이 활성화되고 있습니다. 되도록이면 같은 안전도나 더 높은 안전도를 보장하면서 차량의 무게를 줄이는 방법은 쉬운 방법이 아닙니다. 완전히 다른 재료를 개발하거나 기존 시스템을 획기적으로 구조적 변화를 주어야 하는데 모두가 쉽지 않기 때문입니다.

이러한 재료에는 여러 가지가 있습니다. 새로운 고장력 강판을 개발하거나 알루미늄, 마그네슘, 탄소섬유, 강화 플라스틱 등 다양한 제품이 있습니다. 여기에는 품질은 물론 무게 대비 가격 경쟁력이 중요합니다. 아무리 좋은 제품이어도 가격이 높으면 소비자가 외면할 수밖에 없습니다. 최근의 개발 현황을 보면 더욱 그렇습니다.

미국 정부는 무게를 줄인 차세대 고장력 강판을 개발하여 GM, 포드, 크라이슬러 등 미국 자동차 회사에 강판을 납품하고 있습니다. 이들 자동차 회사는 초경량 강판으로 연료 효율을 더 높인 하이브리드카, 전기자동차 등을 개발할 수 있을 것으로 기대하고 있습니다. 일본 도요타는 지난번 새로운 강판 기술을 선보였습니다. 기존 차량에 사용했던 강판 대비 강도를 두 배로 끌어올렸지만 무게는 더 가볍게 만들었습니다. 새로운 기술로 무게를 약 35%, 비용은 약 25% 줄일 수 있을 것으로 기대하고 있습니다. 차체 경량화는 아우디가 앞서고 있습니다. 이 회사는 1994년 고급 세단 A8을 100% 알루미늄 차체로 제작해 선보이며 주목받았습니다.

자동차업체뿐 아니라 국내·외 부품사들도 경량화 기술 개발에 속도를 내고 있습니다. 현대모비스는 스티어링칼럼(운전대 축관)을 마그네슘 소재로 만들어 무게를 30% 낮췄고, 운전석 모듈에 장착한 무릎 보호대도 플라스틱 소재로 바꾸면서 30% 감량 효과를 봤습니다. 모듈을 설계할 때 부품 수를 최대한 줄이는 방식으로도 군살을 빼고 있습니다. 차량 경량화는 연비향상을 위한 최고의 수단입니다.

10
차량 외부 디자인이
연비를 늘린다.
|연비경쟁|

　　친환경 경제운전인 에코드라이브는 운전습관을 바꾸어 연료를 절약하는 방법입니다. 워낙 우리의 운전방법이 거칠고 급하다보니 실제로 낭비되는 연료가 적지가 않습니다. 국민이 참여하고 열심히 한다면 국가적으로 전체 에너지의 5% 이상은 절약할 수 있다고 확신합니다. 이러한 운동도 중요하지만 미리부터 친환경 자동차를 선택하는 방법도 효과가 크고 에너지 절감효과는 나타낼 수 있는 각종 기술개발도 중요합니다.

　　현재의 자동차의 경우 크게 세 가지 정도가 연료를 절약할 수 있는 방법입니다. 엔진 및 변속기장치 등을 개선하는 방법과 자동차 재료를 더욱 가볍게 할 수 있는 재료로 하는 방법입니다. 마지막으로 외부 디자인을 개선하여 공기저항을 적게 받는 방법입니다. 모두가 쉽지는 않습니다. 하나같이 수십 년간 천문학적인 연구비를 투자하여 개발하다보니 안전은 보장하면서 연비를 높이는 동전의 양면을 구사하는 방법과 동일하다고 할 수 있습니다. 그 만큼 어렵다는 것이죠. 이러한 여러 장치들을 각 메이커별로 적절히 장착하여 소비자를 유혹하고 있습니다.

최근 이러한 바람이 크게 일고 있습니다. 소비자는 더욱 연비가 높은 자동차를 구하고자 각종 특성을 비교합니다. 일반적으로 바람 저항을 10% 낮추면 연비는 2% 늘어납니다. 자동차의 디자인과 연비는 소비자들이 자동차를 선택하는 기준에 있어 많은 비중을 차지하는 중요한 항목입니다. 공기 저항을 적게 설계하면서 동시에 소비자가 선호하는 디자인을 함께 찾아야 합니다. 연비 개선을 위해서는 엔진 개선하고 차체 무게를 줄이는 것 외에 디자인도 많은 영향을 미치기 때문에 대부분의 자동차 업체들은 풍동 실험실 갖추고 바람의 저항을 줄이기 위해 노력하고 있습니다.

최근 판매되고 있는 수입차 한 기종은 바람의 저항을 줄인 에어로 다이나믹 디자인으로 공기저항 계수를 최소로 낮췄으며, 차량 무게도 전 모델에 비해 25kg까지 줄여 1L의 연료로 22.6km까지 주행할 수 있는 연비를 실현했습니다. 국산 중대형차 기종 중에는 에어로 파츠 즉 기류를 이용하여 차체를 안정시키는 부품과 새롭게 디자인된 휠 등을 적용해 공기저항을 줄일 수 있는 공기역학적인 디자인을 구현했습니다. 동시에 각종 장치를 통해서 연비를 동시에 높이는데 주력하여 인기를 끌고 있습니다. 앞으로 외부 디자인에 대한 기술 발전에 따라 더욱 수준 높은 고연비 친환경차가 등장할 것입니다.

11

함부로 튜닝하면
연비가 떨어집니다.

|연비경쟁|

최근 자동차 튜닝에 대한 관심이 높습니다. 우리나라는 튜닝하면 대부분이 부정적인 시각이 강하여 튜닝을 모두 나쁘다고 생각하는 편견이 있습니다. 사실 자동차 튜닝은 양산차에 숨어있는 기능을 업그레이드 시켜 안전 등을 도모하는 긍정적인 기술이며 분야입니다. 그래서 선진국에서는 자동차 튜닝산업이 활성화되어 새로운 시장 영역으로 성장하였고 자동차 산업 및 문화 발전에 크게 기여하고 있습니다. 그러나 우리는 법적, 제도적 문제는 물론 업계 등도 문제가 많습니다. 전체적으로 불모지라고 할 수 있습니다. 그래서 제도적 개선 등을 통하여 이제는 선진형으로 튜닝산업을 활성화시켜 산업과 문화의 조화를 이룰 필요가 있습니다.

특히 최근의 경향인 친환경 고연비를 추구하는 자동차 튜닝으로 승화시킬 필요가 있습니다. 일반적으로 튜닝하면 큰 소음과 눈살을 째푸리는 외모 등 안 좋은 부분이 대부분입니다. 그러나 실질적이고 긍정적인 튜닝은 친환경을 추구하고 외모도 아름답다 할 정도로 잘 어울리는 경우가 많습니다. 그래서 이제는 긍정적으로 바꾸고 국내 자동차 규모에 걸맞는 튜닝산업을 육성하여야 합니다. 잘 하면 머지않아 약 3~4조원 시장과 유관산업인 모터스포츠 분야의 경우도 1~2조원 규모는 충분히 양성될 수 있으리라 확신합니다. 튜닝분야는 크게 두 분야로 나눌 수 있습니다.

하나는 드레스업 분야로 외모를 가꾸어 달리기 성능을 크게 향상시키는 분야입니다. 리어 스포일러나 프론트 립이나 사이드실, 그리고 휠 튜닝 등이 해당됩니다. 잘 하면 연비 향상과 동적 성능에 중요한 요소로 작용할 수 있습니다.

그리고 또 하나의 분야인 퍼포먼스 튜닝의 경우 흡배기를 포함한 엔진 튜닝과 서스펜션 튜닝 등 다양한 분야가 있습니다. 역시 엔진성능 등을 향상시켜 줍니다. 이 모든 것이 친환경으로 간다는 것입니다. 매년 7월 서울 코엑스에서 개최된 서울오토살롱이 대표적인 튜닝전시회입니다. 튜닝분야의 긍정적인 안착으로 국내 자동차 시장의 새로운 영역으로 자리매김하고 연비향상에 도움이 되었으면 합니다.

12

드디어
리터당 30Km를 넘는 양산차가
출시되었다.

|연비경쟁|

최근의 자동차의 발달은 예전과는 비교가 되지 않습니다. 몇 년 사이에 연비나 친환경 특성에서 생각 이상으로 발전하기 때문입니다. 특히 신차 출시가 더욱 빨라지면서 소비자는 선택할 수 있는 차종이 많아서 더욱 좋습니다.

작년과 달리 올해 출시된 신차는 그 만큼 여러 가지 측면에서 장점이 한두 가지가 아닙니다. 소비자의 신차 선택기준 중 가장 중요한 요소로 떠오르고 있는 연비는 더욱 그렇습니다. 중형차 기준으로 디젤엔진은 가솔린엔진보다 약 20% 정도가 연비가 높습니다. 최근 디젤엔진의 경우 중형급은 리터당 20Km에 이르는 차종이 출시되고 있으며, 하이브리드차는

22~30Km에 이르고 있습니다. 최고 연비의 하이브리드차는 도요타 소형급 프리우스로 연비가 리터당 29Km에 이릅니다. 그러나 최근 클린디젤 기술을 바탕으로 승용디젤차가 꾸준히 연비를 높이고 있습니다. 그러나 하이브리드차보다 연비는 조금 낮은 상태였습니다. 그러나 최근 리터당 30Km를 넘는 차종이 등장했습니다. 비로 벤츠의 스마트 포투라는 경차입니다. 아주 작은 경차이긴 하지만 모양이 독특하고 개성이 강한 차종입니다. 1천 cc 미만의 클린디젤엔진이 탑재되어 여러 가지 측면에서 장점이 많습니다. 이러한 연비는 공식적으로 출시된 기존의 차량 중 최고의 연비라는 것입니다. 이러한 기술은 조만간 확대되어 소형, 준중형까지 확대되어 리터당 30Km를 넘는 차종이 다수 등장할 것입니다. 그렇다고 등장하기 시작한 플러그인 하이브리드차나 전기차와의 연비와는 비교하기가 어렵습니다.

　　이 두 차종은 모두 배터리 기반의 모터를 이용하여 움직이는 차종으로 전기에너지를 주로 사용하기 때문입니다. 현재 휘발유 대비 전기 값은 약 10% 수준입니다. 그래서 매우 저렴하고 휘발유 대비 장점이 많습니다. 문제는 차량 자체의 약점이 많고 가격이 가솔린차의 3배에 이르러 해결하여야 할 과제가 한둘이 아닙니다. 그래서 아직 기존의 디젤차와 가솔린차가 대부분을 차지한다는 것입니다. 앞으로 이러한 고연비 차량을 중심으로 에코드라이브까지 시행한다면 최고의 에너지 절약이 될 것입니다.

13

앞으로 최고 연비의 자동차는 얼마가 될까요?

|연비경쟁|

　　고연비 조건은 자동차에 있어서 기본입니다. 최근의 자동차 기술발전 속도가 남다르게 높아지다 보니 연비가 획기적으로 증가하고 있습니다. 물론 쉬운 일은 아닙니다. 메이커에서는 소비자의 기본 조건이 연비이어서 선택을 위해서두 그렇고 국제적인 환경 규제와 연비규제가 강하되면서 기본 조건을 맞추기 위하여 노력하고 있습니다.

　　지금의 연비는 매우 높은 편입니다. 소형차 기준으로 가솔린 차량의 경우 약 15Km를 훨씬 상회하고 있 디젤 차량인 경우 20Km를 넘는 경우가 많습니다. 그리고 하이브리드차의 경우 25Km를 넘습니다. 물론 전기차는 전기에너지를 사용하다보니 상대적 연비를 따지기가 어렵습니다. 연료비에 비하여 저렴한 전기에너지이다 보니 훨씬 적다고 얘기하나 전기차가 많아지면 당연히 지금보다 몇 배 전기비가 상승하고 이 전기에너지를 생산하기 위한 발전소를 많이 짓다보면 또 비용이 올라 갈 수밖에 없습니다. 그리고 그 만큼 배출가스를 많이 배출하게 됩니다.

일반 자동차 기준으로 얼마까지 연비를 높일 수 있을까요? 연구소에서 개발된 컨셉트카의 경우 리터당 40~50Km 정도는 달릴 수 있습니다. 여기서 말하는 자동차는 무조건 가볍게 만든 자동차가 아니라 지금의 자동차와 같이 성인 4명이 탑승하고 에어백 등 각종 안전장치와 편의장치가 탑재된 경우를 말합니다. 모든 장비를 빼고 적은 연료로 오직 달리기만을 위하여 만든 저연비 자동차 대회가 있습니다. 여기서 저연비는 연료의 비용이 낮다는 뜻으로 고연비를 뜻하는 연료의 상대적 비율이 높다는 뜻과 동일하다고 할 수 있습니다. 이 저연비 자동차 대회는 1리터의 연료로 일정 거리를 달려서 남은 연료를 계산하고 우승을 좌우하는 대회입니다.

국내 대회에서는 약 리터당 1,500km를 넘습니다. 세계 대회는 2,000km를 넘는 것으로 알고 있습니다. 완전한 건조한 평지에 아스팔트가 깔렸고 약 45cc의 엔진 배기량과 휠체어나 자전거 바퀴, 그리고 신체 가벼운 운전자가 누워서 달리는 구조로 가장 가볍게 만든 차량입니다. 일반 차량이라고는 할 수 없습니다. 그러나 기술적 개발을 통하여 더욱 안전하면서도 멀리 갈 수 있는 고연비 차량이 개발될 것입니다. 기대하셔도 좋을 것입니다.

14

연비왕 선발대회
일반인의 에코드라이브를 자극한다.

|연비경쟁|

약 2년 전부터 국내에서 자동차 연비왕 선발대회가 종종 개최되고 있습니다. 환경부 차원의 대회도 있고 각 메이커마다 자사 차량을 홍보하는 목적으로 단일 종목의 연비왕 선발대회도 있습니다. 이 중에서도 가장 체계적이고 객관적인 대회는 매년 11월 중에 개최되는 아시아경제신문 주관 연비왕 선발대회일 것입니다. 배기량별로 연료별로 주로 분류되어 있고 수입차나 여성 운전자 별도로 시상을 하기도 합니다. 매우 다양하면서도 공정하여 가장 대표적인 대회로서 손색이 없습니다. 벌써 4회 대회를 개최하였습니다. 타이어 공기압 측정은 물론 조수석 탑승 의무, 스페어 타이어 등 기본 탑재된 용품의 유지 등 편법을 아예 차단하고 엔진룸을 열어 각종

장치에 대한 탑재도 금지사항입니다. 모든 참가자가 같은 입장에서 경기를 하여 공정을 기하고 오직 에코드라이브만을 통하여 실력을 겨루라는 취지 입니다. 우승자 등 상위권 입상자의 실력을 보면 공인연비 기준을 넘어 50% 이상 더욱 높은 연비를 나타내는 운전자가 많습니다. 할 수 있다는 자신감을 모든 참가자나 관계자에게 알려주는 효과가 있습니다. 그리고 신문 등을 통하여 전국으로 홍보함으로서 에코드라이브의 의미와 중요성을 더욱 인식시키는 계기로 활용합니다. 시상을 위한 부상도 적지가 않습니다. 모든 참가자에게는 참가 기념품을 주고 등수에 따라 상금이 적지 않아 더욱 치열한 에코드라이브가 되게 만듭니다. 물론 무리한 에코드라이브 방법을 모색하지 않도록 주의를 주고 하지 말아야 할 방법 등을 고지하기도 합니다. 연간 종종 있는 연비왕 선발대회에 가족이 함께 참가하여 자신의 에코드라이브 실력을 가늠해보는 것도 괜찮은 방법입니다. 가족이 함께 하면 일체감과 함께 아이들에게 에코드라이브의 중요성을 인식시키는데도 한 몫 할 것입니다. 내년을 목표로 에코드라이브의 비법을 연마하길 바랍니다.

15

잘못된 정보는
연비향상에 도움을 주지 못합니다.

|연비경쟁|

친환경 경제운전인 에코드라이브는 운전방법을 개선시켜 연료를 절약하는 최고의 방법입니다. 올해로 국내에 에코드라이브가 도입된 지 6년째에 접어들고 있고 국민들도 에코드라이브라는 용어를 최소한 알고 있을 정도로 중요도는 높아지고 있습니다. 그러나 아직 시너지 효과는 약하여 더욱 가일층 노력을 차여야 합니다.

운전자들은 각종 정보를 통하여 에코드라이브 방법을 찾고 자신에게 맞는 방법을 찾고자 노력하는 사람들도 많습니다. 특히 인터넷 등에는 각종 방법이 많이 소개되어 있고 효과를 크게 본 운전자들도 많습니다. 문제는 잘못된 정보도 심심찮게 있다는 것입니다. 예전에 각종 질병에 효과가 있다고 하여 민간요법도 소개되기도 하였는데 잘못된 정보도 많아서 문제가 많이 있는 경우가 있었습니다. 마찬가지로 에코드라이브 방법도 잘못된 정보가 있다는 것입니다.

　　최근의 자동차는 전자제어 엔진이어서 공회전은 전혀 필요 없다고 하지만 엔진오일이 돌기 위해서라도 여름에는 약 1~2분, 겨울에는 약 2~3분 정도 하면 효과도 크고 양호한 차량 상태나 나중에 연비에도 도움이 될 수 있습니다. 변속기는 차량이 정지하고 있을 때 D보다 N을 유지하는 것이 연비에 좋습니다. 이럴 경우 변속기 고장이 발생한다고 하지만 그것은 급하게 변속 이전에 가속페달을 밟기 때문입니다.

　　에코드라이브 방법으로 버스나 트럭 뒤에 바짝 쫓아가는 경우에 도움을 준다고 하는데 이것은 카레이스에서 고속으로 달릴 때 뒷부분의 진공효과를 이용한다고 하는데 도움은커녕 큰 위험을 초래하므로 절대로 하면 안 되는 방법입니다. 에어컨 사용방법도 무작정 끄고 창문을 모두 열고 운행하면 도움이 된다고 하지만 시속 약 50Km 이상이 되면 도리어 창문을 모두 닫고 1단 정도 에어컨을 켜고 운행하는 것이 도움이 되므로 참고하는 것이 좋습니다.

　　에어컨은 모두 가동할 경우 사용 안하는 경우보다 25% 정도 연료소모가 커지게 됩니다. 아침에 일찍 주유하는 것이 차가운 온도로 더 많은 연료가 주입된다고 하지만 실제로는 주입되면서 다시 온도가 올라가므로 큰 의미가 없다고 합니다. 정확한 정보가 바로 연비향상에 도움을 줍니다.

part
06

하이브리드와 전기자동차 그리고 대체에너지

DRIVE

01
친환경 하이브리드차 판매
아직은 미미하다.

|하이브리드&전기자동차 · 대체에너지|

최근 가장 큰 관심은 친환경 자동차입니다. 연비가 높고 배기가스 배출이 적은 차량을 지칭하는 용어지만 현실적으로 가능한 자동차는 클린 디젤차, 하이브리드차 그리고 이제 시작한 전기차입니다.

특히 하이브리드차가 가장 만족도가 높은 차량으로 인식되고 국내의 경우도 정부에서 약 300여만원의 세제 혜택을 차종에 따라 부여하고 있습니다. 역시 가장 중요한 요소는 당연히 차량도 친환경성이 좋아야 하지만 국민들이 느끼는 인센티브가 중요하다는 것입니다. 개인적으로 구입할 경우 비용상의 잇점과 운행 상의 잇점이 타 차종과 비교하여 크지 않으면 실질적으로 움직이지 않고 있기 때문입니다. 우리나라는 아직 이러한 친환경 자동차에 대한 국민의 긍정적인 인식이 약한 편입니다. 실제로 이러한 흐름은 결과로 나타나고 있습니다. 최근 국내에서 처음 출시된 국산 하이브리드차는 물론이고 해외에서 위력을 떨치는 수입산 하이브리드차 모두가 판매율에서 두드러지지 못했다는 것입니다. 최근 국내 자동차 시장에 수입차를 중심으로 친환경 하이브리드 차량 판매가 본격화했지만, 여전히 수요는 미미한 수준으로 집계됐습니다. 지난 2010년 국내에서 판매된 하이브리드 차량은 모두 11종으로 총 8천636대(국산 6천349대, 수입 2천287대)가 팔려 전체 시장(155만5천992대)에서 차지하는 점유율은 0.56%에 그쳤다. 지난 2009년 7천585대가 판매돼 점유율 0.52%을 기록했던 것과 비교해 판매 차종이 늘어난 것을 감안하면 차이는 무시해도 좋을 정도입니다. 거의 판매가 되지 않았다는 것을 알 수 있습니다.

이에 반하여 일본의 경우 대표적인 하이브리드차 도요타 프리우스가 단일 기종으로 일본 내에서 연간 31만대가 판매되어 최고의 1위 기록을 달성했습니다. 물론 일본 정부의 각종 해택도 컸지만 무엇보다 일본인들의 친환경 자동차에 대한 인식이 매우 긍정적이라는 것입니다. 매년 국산차와 수입차 중 하이브리드차가 다수 새롭게 출시되지만, 판매가 급격히 늘어나지는 않을 것이라는 게 전문가들의 중론입니다.

역시 가장 중요한 요소는 구입 시 정부의 재정적 지원이 커야 하고, 구입비 대비 연비에 대한 확실한 수치 제공과 친환경차에 대한 국민의 긍정적인 인식이 필요하다고 보고 있습니다.

02

플러그 인 하이브리드차의
연비는 고무줄인가?

|하이브리드&전기자동차 · 대체에너지|

　　최근 강조되는 친환경차 중 하이브리드차가 가장 큰 관심을 나타내고 있습니다. 작년 전반기에도 국산 하이브리드차 두 개 기종이 발표되었습니다. 연비도 매우 뛰어난 친환경차의 대표주자입니다. 이와 함께 플러그 인 하이브리드차도 모습을 드러낼 예정입니다. 하이브리드차는 엔진과 모터를 겸용하여 효율적으로 사용하는 기종이고 플러그 인 하이브리드차는 배터리의 힘이 미약하여 모터로 갈 수 있는 거리가 적은 단점을 극복하기 위하여 여분의 배터리를 추가하여 모터로 멀리 갈 수 있게 하고 힘이 부족하면 엔진을 가동시키는 기종입니다.

　　최근 이러한 복합 기종이 출현하면서 연비가 혼동되기 시작했습니다. 예년에도 해외의 메이커가 자사의 플러그 인 하이브리드차를 설명하면서 해당 차종이 리터당 약 100Km를 주행한다고 하여 큰 논란이 있었습니다. 연비 계산방법은 배터리에 충전된 전기에너지는 고려하지 않고 엔진이 가동되어 갈 때 소모되는 연료만을 계산하여 나온 결과입니다.

즉 배터리 충전 전기에너지는 고려하지 않으면 그 만큼 연비는 높아지게 마련입니다. 이 차량에 넣는 배터리 용량을 키우면 키울수록 연비는 당연히 좋아집니다. 더욱이 현재 전기에너지의 일반 연료 대비 약 10% 수준이면 비용을 충당할 수 있습니다. 연비가 높으면 높을수록 소비자는 좋겠지만 배터리 용량이 커져서 차중량도 커지고 차 구입비가 천정부지로 치솟게 되어 상대적인 양날이라고 할 수 있습니다. 고민이 된다는 뜻입니다.

그러나 향후 배터리 가격 등이 저렴화되고 활성화되면 기존 연비에 대한 개념은 재정리하여야 할 것입니다. 이러한 여러 가지 특성을 고려하여 앞으로 친환경차에 대한 지식을 습득하면 향후 차량 선택관 운행에 큰 격할을 할 것입니다.

03

출시되는 국산 풀하이브리드 타입
중형차를 주목하라!

|하이브리드&전기자동차 · 대체에너지|

        작년 서울모터쇼에서는 주목받는 신차가 많았습니다. 그 중에서도 주목받은 신차가 바로 국산 하이브리드 중형차 두 가지 일 것입니다. 물론 4년 전에 국내에서 처음으로 LPi 엔진을 하이브리드 타입으로 제작한 준중형차 두 가지가 출시되어 많은 관심을 끌었습니다. 물론 친환경차에 포함되어 300만원 이상의 세제 혜택도 받았습니다. 그러나 이 차량은 마일드 하이브리드라고 하여 에너지 절약에는 한계가 있는 차량입니다. 하이브리드차는 기존의 엔진과 배터리 에너지를 이용한 모터 두 가지가 병용됩니다. 이 때 마일드 하이브리드 기술이 적용되면 항상 엔진이 가동되면서 가속 등 필요할 경우에만 모터가 동작되어 힘을 보태어 주는 형태이므로 에너지 절약에는 한계가 있을 수밖에 없습니다. 그러나 풀하이브리드 기술을 적용하면 엔진 시동 시나 저속 시 항상 모터로만 가동되어 달리다가 힘이 부족하거나 배터리가 방전되면 자동으로 엔진이 가동되는 최고의 기술입니다. 당연히 연비가 좋으나 기술적으로 적용하기가 어렵고 대부분의 특허를 일본이 보유하고 있었습니다. 세계적으로도 일본 도요타와 미국 GM 정도가 만들 수 있을 정도로 어렵고 까다로운 기술입니다. 물론 연비가 뛰어나고 배출가스도 매우 적습니다.

작년에 출시된 풀하이브리드 중형차는 일본의 특허를 피하면서 독자적으로 개발한 최고 기술이 포함된 진정한 국산 최초의 하이브리드차라고 할 수 있습니다. 바로 기아의 K5하이브리드와 현대의 쏘나타 하이브리드입니다. 역시 세제혜택을 받으면서 무척 기대가 되는 차종입니다. 이미 일본 등은 연간 100만대 이상을 하이브리드 차량을 판매할 정도로 인기가 높으나 우리는 그렇치 못한 실정입니다. 이번 출시가 에너지 절약과 국산 신기술을 확인하는 계기가 되었으면 합니다. 최근 국산 하이브리드 차종의 판매가 떨어졌지만 장점에 대한 긍정적인 인식이 확산된다면 다시 판매가 늘 것으로 확신합니다.

04

한국GM의
양산형 플러그 인
하이브리드차'쉐보레 볼트'에
바란다.

|하이브리드&전기자동차 · 대체에너지|

이제 친환경차는 세계의 흐름이 되고 있습니다. 고연비와 친환경성으로 무장되었고 크기가 작은 경소형화는 기본입니다. 물론 이러한 친환경차는 종류가 많습니다. 각 나라별로 자국에 맞는 친환경차를 개발하고 우수성을 내보이기 위하여 많은 노력을 기울이고 있습니다. 원천 기술 확보와 세계 기준이라는 선점도 매우 중요하기 때문입니다.

이중 가장 관심을 가지고 있는 모델은 하이브리드차와 전기차입니다. 이 중 전기차는 차량 자체가 완전 무공해이나 가격, 내구성, 인프라 등 아직 양산형으로 나오기에는 단점이 너무나 많습니다. 현실적으로는 하이브리드차가 많이 부각되고 있습니다. 일본 등은 가솔린 하이브리드차에 치

중을 하고 있고 유럽은 클린디젤을 무기로 디젤 하이브리드차에 초점을 두고 있습니다. 물론 모든 세계적 메이커가 전기차의 활성화에도 올인하고 있습니다. 아직은 현실적으로 하이브리드차가 당분간 대세를 이룰 것이라는 것이죠. 우리나라도 진정한 기술독립을 이루었다는 하이브리드차 두가지가 작년에 시판되었습니다. 이 하이브리드차는 엔진과 모터를 병용한 시스템입니다. 따라서 얼마나 배터리를 이용하여 우선 멀리 가고 전기에너지가 부족할 때 엔진을 가동시키는 가가 매우 중요합니다. 물론 자동차는 경제성이 매우 중요하나 친환경성과 고연비의 장점을 얼마나 잘 조화시키는가도 중요합니다.

　일반 하이브리드차의 배터리 한계를 어느 정도 벗어나 전기차에 가깝게 만든 것이 바로 플러그 인 하이브리드차입니다. 그리고 그 대표적인 양산모델이 바로 GM의 '쉐보레 볼트'입니다. GM에서 심혈을 기울인 역작입니다. 그 첫 번째 양산모델을 작년에 한국GM이 가져와 주한미국대사관에 기증했습니다. 오직 리튬이온 배터리로 약 80Km를 가고 에너지가 부족하면 1.4리터 엔진이 가동되어 에너지를 보충해줍니다. 장거리를 여유있게 불편함이 없이 갈 수 있는 최고 성능의 친환경차입니다. 국내의 시험 주행을 통하여 소비자들의 반응을 보고 수입 판매할 예정입니다. 국산차에도 자극이 되어 더욱 좋은 친환경차가 많이 등장하기를 바랍니다.

05

하이브리드차,
어떤 기준으로 선택하고 있습니까?

|하 이 브 리 드 & 전 기 자 동 차 · 대 체 에 너 지|

최근의 화두가 고연비 친환경이다 보니 일반인의 신차 선택 기준도 다양하게 바뀌고 있습니다. 당연히 우선적으로 연비가 좋아 연료를 아낄 수 있는 차량을 선택하는 것이 보편화되기 시작했습니다. 그래서 일반 가솔린 엔진이나 디젤엔진을 고민하기도 하지만 최근 부각되고 있는 히이브리드차를 고민하기도 합니다.

또한 최근 주목을 받고 있는 전기차의 경우 본격적인 양산차가 준비가 되어 있지 않지만 설사 출시되더라도 구입하기에는 여러 가지로 난제가 많아 불리한 점이 많다는 것입니다. 약 10년을 아무 탈 없이 사용하여야 하는데 문제 발생의 가능성이 크다는 것이죠. 이에 반하여 하이브리드차는 어느 정도 입증된 차량입니다. 물론 세계적으로 하이브리드차를 대표하는 일본의 도요타와 혼다는 이미 출시된 지 10년이 지나면서 입증된 여러 차종을 출시하고 있습니다. 가장 오래되고 난이도가 높은 기술을 적용하는 도요타는 1997년 12월 최초 모델 출시 이후 세계의 특허와 기술로 무장한 난이도가 높은 차종을 소형차부터 대형차까지 다양하게 출시하고 있습니다. 이미 국내에 출시된 국산 중형 하이브리드차 두 종류도 독자적인 기술을 가지고 출시된 우수한 국산 차종입니다.

최근 인기를 끌고 있는데 일반인은 고민도 많습니다. 과연 구입해도 괜찮은가? 문제점은 없을까? 등 다양합니다. 연비측면의 우수한 특징도 도심지 등에서 막힐 때 위력을 발휘하지 주로 고속도로나 전용도로를 막힘없이 달릴 경우 큰 장점은 없어집니다. 따라서 본인이 주로 어디를 운행하는지도 생각하면 좋습니다. 일반 차종에 비하여 무거운 특징은 배터리 무게 때문입니다. 세제 혜택 등을 받으나 비용 부담은 300만원 정도 더 부담하여야 하고 결국 연료 절감으로 약 2년 이상을 유지하여야 합니다.

그 밖에 여러 장단점이 있으나 결국 가장 중요한 점은 자신의 운행 특성이 어떠한지 냉정하게 생각하여 구입하면 실수를 줄일 수 있습니다. 하이브리드차 외에도 다른 차종 구입 시에도 가장 중요한 점은 운행 특성이라는 것을 알았으면 합니다. 그리고 에코드라이브도 함께 하면 연비 절감은 더욱 커집니다.

06
국산 전기차
양산시기 빨라진다.

|하이브리드&전기자동차 · 대체에너지|

친환경 경제운전인 에코드라이브는 연료를 절약하는 최고의 운동입니다. 워낙 우리 운전자의 운전이 급하고 거칠어 에너지 낭비가 보통이 아닙니다. 한 템포 느리게 운전하고 여유 있는 운전만 하여도 약 10% 이상의 연료는 충분히 절약할 수 있습니다. 역시 더욱 효과를 크게 보기 위해서는 에코드라이브 이전에 연비 효과가 높은 친환경 자동차를 사용하면 더욱 효과는 배가될 것입니다.

이 중 대표모델이 하이브리드차와 전기차입니다. 특히 전기차는 차량 자체가 완전한 무공해 자동차여서 앞으로가 기대되는 차종입니다. 다른 나라에 비하여 전기차에 대하여 여러 가지로 미흡한 우리나라가 이번에 전기차 양산체계를 빠르게 구축하기로 했습니다. 지식경제부는 2014년 전기차 양산 체계를 구축하기로 했습니다. 2017년 이후 양산 예정이었던 보급형 전기차 개발 계획이 당초 계획보다 3년 이상 앞당겨지는 것입니다. 이렇게 개발되는 전기차는 저렴한 가격에 주행 성능이 뛰어난 준중형 전기차이며, 전기차 개발 프로젝트에는 현대자동차를 중심으로 44개 기관이 참여한 컨소시엄이 맡게 됩니다. 컨소시엄이 구성되면 3년 후 양산 체계를 구축하고 기존 전기차의 낮은 성능과 비싼 가격을 해결하는 프로젝트를 본격적으로 수행하게 됩니다.

이번에 개발하는 준중형 전기차는 한 번 충전에 200km를 주행 할 수 있고 완속 및 급속 충전 시간은 5시간과 23분 이하, 최고 속도는 145km/h의 성능을 갖추게 됩니다. 이는 현재 세계 대표 모델이라는 일본 닛산의 리프 등 주요 전기차 모델보다 성능과 충전 편의성이 높은 것입니다. 이렇게 시기가 앞당겨진 이유는 당초 2017년 준중형급 전기차를 양산할 계획이었으나 세계 전기차 시장 선점을 위해 이보다 3년 앞당겨 2014년 양산 체계를 구축키로 했다고 판단됩니다.

전기차는 앞으로 미래의 자동차 산업을 이끌 핵심 분야입니다. 우리는 리튬 배터리 등 일 핵심 부품은 세계 최상급이나 전체적인 전기차 구성은 늦은 편입니다. 산학연관 모두가 혼연일체가 되어 세계 최고 수준의 전기차가 양산되기를 바랍니다

07

전기자동차,
언제 완전 상용화되는가?

|하이브리드&전기자동차 · 대체에너지|

　　최근 친환경 자동차의 대명사인 전기차가 주목을 받고 있습니다. 기존 내연기관차의 경우 석유 자원을 이용하는 관계로 이산화탄소 등 배출가스가 많이 배출되어 환경에 대한 문제가 노출되었지만 전기차는 전기에너지만을 이용하므로 배출가스가 전혀 없는 완전 무공해 자동차입니다. 물론 사용된 전기에너지가 화력발전 등 공해를 수반한 발전을 할 경우 상대적으로 간접적인 공해를 유발하는 것이 문제입니다.

　　전기차는 내연기관차보다 오래된 차종이나 배터리 문제 등 각종 문제점으로 상용화가 불가능한 차종이었습니다. 최근 전기차의 각종 문제점이 많이 해소되면서 실질적인 상용모델이 출시되었습니다. 이미 3년 전부터 일본이나 미국 시장에서 전기차는 시중에 판매되기 시작하여 일반인의 관심이 높아지고 있습니다.

전기에너지는 석유자원 대비 연비가 극히 높고 무공해 여서 의미가 크다고 할 수 있으나 문제는 완전 상용화를 위한 문제점이 적지 않다는 것입니다. 기존 차량과 달리 엔진이나 변속기가 없어서 완전히 새로운 시스템인 만큼 갖추어야 할 조건들이 많습니다. 일반 차에 대비하여 약 3배에 이르는 가격, 이 중 배터리 가격이 전체의 약 60%에 이르고, 내구성도 보장하기 어려운 부분도 있고, 배터리 충전시간과 한번 충전하여 갈 수 있는 거리 문제, 특히 전국적으로 편한 충전 인프라가 필요하다는 점 등 큰 문제가 적지가 않다는 것입니다. 어느 하나라도 문제가 존재한다면 소비자는 전기차를 선택하지 않을 것입니다. 자동차는 완전한 경제성 논리에 의하여 움직이는 만큼 어느 하나라도 문제가 존재하면 기존 차를 선택한다는 것입니다. 그 만큼 전기차는 앞으로 해결하여야 할 과제가 많습니다.

가장 큰 문제인 가격에 대한 문제는 앞으로 필히 넘어야 할 과제입니다. 그래서 전기차는 앞으로 대두될 완전한 친환경차임에 틀림이 없지만 완전 상용화 모델이 출시되어 아무 거리낌 없이 이용되기 위해서는 10년은 필요할 것으로 판단됩니다. 그래서 오는 2020년에도 약 80% 이상이 기존의 내연기관차라고 합니다.

08

최근
연비가 높은 국산 하이브리드차가
인기를 끌고 있다.

|하이브리드&전기자동차 · 대체에너지|

　　최근의 화두는 역시 친환경차입니다. 최근 국산차, 수입차가 매년 수십 여종이 소개되고 있는데 이 중 상당수가 친환경차 및 연비가 높은 차량입니다. 이제는 아예 고연비 차량이 아니면 소비자가 외면하는 시대입니다. 그 민금 연비는 차량 신믹의 가징 중요힌 요소가 되이가고 있습니다. 이러한 흐름이 차종 판매에 직접 나타나고 있습니다.

　　작년은 국산 친환경차의 진출을 본격적으로 알리는 한해였습니다. 대표 모델이 바로 하이브리드차입니다. 물론 4년 전 국산 하이브리드차는 출시되었습니다. 그러나 이 모델은 준중형 LPi 하이브리드이고 고연비와 친환경성이 떨어지는 마일드 하이브리드 기술을 적용하였습니다. 특히 대부분의 특허를 보유한 일본의 특허를 피하기 위하여 LPG엔진에 적용했다고 얘기하기도 합니다. 그러나 작년 출시된 중형 하이브리드차는 완전히 다릅니다. 기술적 난이도가 가장 높다는 풀하이브리드 기술이 적용되어 연비가 월등히 높아졌고 당연히 배출가스도 크게 줄어들었습니다. 더욱 중요한 점은 일본의 특허를 피해 완전히 원천 기술을 국산화시켰다는 것입니다. 쉽지 않은 만큼 박수를 보낼만한 국산화입니다. 이에 따른 초기 판매도 줄을 이었습니다. 전체 중형 차량 판매 중 차종별로 10~20%는 하이브리드차가 선택될 정도였죠. 입 소문을 타면서 그리고 언론에서 아주 괜찮은 차종이라는 소문이 돌면서 판매가 늘고 있었습니다. 그러나 가격 및 신뢰성이 떨어지면서 판매가 다시 떨어지고 있습니다. 그러나 긍정적 인식이 확산되면 다시 판매율은 증가 할 것입니다. 더욱 매진하여 더욱 연비 높고 친환경적인 신차가 개발되어 출시되어야 합니다.

아직 우리는 원천기술이 약합니다. 더욱이 친환경차 분야는 더욱 선진국보다 크게 떨어지고 있습니다. 초기에는 신차 출시가 어렵고 시장 형성이 되어 있지 않아 메이커 차원에서는 손해를 볼 수 있으나 몇 년이 지나면 본격적으로 수면 위로 올라온다는 것입니다. 무엇보다 중요한 점은 원천기술 확보입니다. 이것이 약하면 나중에 로얄티를 물면서 남의 기술을 사용하여야 하고 항상 남의 힘에 따라 움직이는 수동적인 입장이 됩니다. 더욱 매진하여 우리가 주도하는 친환경차가 늘기를 바랍니다.

09

하이브리드차,
과연 얼마나 연료절약에 도움이 되는가?

|하이브리드&전기자동차 · 대체에너지|

최근 출시되는 신차가 워낙 많습니다. 매년 출시되는 국산차와 수입차가 수십여 종이 넘습니다. 이 중에서도 가장 큰 관심은 국산 중형 하이브리드차일 것입니다. 지난 2011년에 출시된 현대의 쏘나타 하이브리드와 기아의 K5하이브리드입니다. 두 차종 모두 일본의 특허를 피해 독자적으로 기술개발에 성공한 최고 수준의 국산 하이브리드차입니다, 그래서 연비 테스트에서도 리터당 공인연비 22Km를 넘는 차종입니다. 중형 가솔린차가 이 정도로 높은 연비를 구현한 차종이 거의 없을 것입니다. 그 만큼 자부심을 가져도 좋을 만큼 기술적으로나 품질 측면에서 자랑할 만 합니다.

반면 기존 가솔린 엔진의 경우도 직접분사엔진인 GDI 엔진이 개발

장착되면서 연비도 매우 좋아졌습니다. 소비자들은 두 차종에 대한 연비 등에 큰 관심을 가지고 있습니다. 당연히 하이브리드차가 연비가 훨씬 높습니다. 저속이나 시동 시에 가장 효율적으로 배터리를 이용하다보니 당연히 연비가 높아집니다. 공회전 제한장치 동작도 그렇고 화생제동 등 필요없는 에너지를 절약할 수 있는 기능도 있습니다. 일반가솔린 대비 20~30% 는 연비가 높다고 할 수 있습니다.

그러나 고속도로 등 정속 구간에서는 기존 엔진과 다름이 없습니다. 당연히 소비자는 연비 상승 대비 구입 가격을 비교합니다. 현재 6백여만원이 더 고가인데 정부에서 친환경차 지원금으로 3백여만만원을 지원해주니 개인적으로 3백여만원만 있으면 됩니다. 1~2년간 연료값이 절약되니 이 기간만 지나면 복구가 가능할 것입니다. 여기에 우리가 항상 구사하는 친환경 경제운전인 에코드라이브까지 구사한다면 연비를 더욱 높아질 수 있습니다. 특별한 에코드라이브가 아니라 항상 강조하는 3급 방지와 트렁크 비우기, 적정 공기압 유지하기 등 당연한 방법입니다.

최근 기아의 K5하이브리드 차량의 연비왕 선발대회에서 공인연비를 훨씬 넘는 리터당 28Km를 넘는 경우도 있었습니다. 노력 여하에 따라 생각 이상의 기록을 달성할 수 있습니다. 분명한 것은 하이브리드차는 기술적으로 입증된 최고의 차량이라는 것입니다. 신차 구입의 생각이 있으면 충분히 고려해볼 필요가 있습니다. 최근 인기가 떨어졌으나 신뢰성만 구축되면 친환경차의 대표 모델로 손색이 없는 만큼, 판매는 늘어날 것입니다.

10

앞으로 전기차 구입 시
최대 600만원의
세제 혜택을 받는다.

|하이브리드&전기자동차 · 대체에너지|

얼마 전 정부가 앞으로 일반인이 전기차 구입 시 최대 600만원의 세제혜택을 주겠다고 발표했습니다. 현재에도 친환경자동차의 한 종류인 하이브리드차인 경우 최대 약 310만원 정도의 세제 혜택을 받고 있습니다. 하이브리드차는 일반 차량과 가격차이가 크지 않을 정도여서 이 정도의 세제 혜택으로도 충분히 일반인은 구입할 수 있습니다. 실제로 이미 출시된 국산 중형 하이브리드차가 혜택을 받고 있습니다.

그러나 전기차는 다릅니다. 일반차 대비 2.5배에서 3배까지 고가이기 때문입니다. 예를 들면 3년전 현대차에서 발표한 블루온의 경우 경차수준으로 가격이 약 4천만원인데 동급 가솔린차는 약 1천만원 정도입니다.

세제 혜택 최대 6백만원을 받아도 일반차보다 2천4백만원 정도를 더 내야 한다는 것입니다. 아무리 연료비가 적게 든다고 하여도 아직 신뢰성이 떨어지는 전기차를 큰 비용으로 지불하면서 구입하는 소비자는 없다는 것입니다.

아직 전기차는 가격, 내구성, 충전거리 및 시간, 충전 인프라 등 큰 문제가 많습니다. 완전히 신뢰가 구축되지 못하였다는 것입니다. 그래서 외국에서는 세제 혜택과 함께 구입 시 보조금 지급을 하고 있습니다. 두 가지를 합해서 일본은 약 1천9백만원, 중국은 약 1천만원, 미국이나 영국은 약 800만원 정도 됩니다. 그래서 우리도 하루속히 최대한의 보조금 지급을 결정해야 합니다. 아직 관련부서 조율이 끝나지 않았다고 하는데 하루속히 해결되었으면 합니다.

우리는 항상 자동차관련부서인 지식경제부, 국토해양부, 환경부 등은 물론이고 다른 관련부서의 조율 능력이 부족합니다. 시너지는 커녕 항상 경쟁을 하고 중복 투자도 있고 반목하다보니 시기를 놓치고 혼동을 유발합니다. 항상 언급하는 얘기지만 이제는 통합하여 의논하고 역할분담을 확실히 하고 시너지 효과는 내야 합니다. 대통령 지속 위원회도 많은데 녹색성장위원회 등도 별도의 임무도 중요하지만 정부 관련부서를 조율하는 역할이 더욱 중요합니다. 하루속히 전기차 구입 보조금이 결정되어 해외 경쟁국보다 뒤처지는 일이 없도록 하여야 합니다.

11

디젤 하이브리드 버스
에너지 절약 및 환경 개선에 기여한다.

|하이브리드&전기자동차 · 대체에너지|

최근에 출시되는 클린디젤차는 연비는 물론 이산화탄소 배출측면에서 가솔린차보다 훨씬 높다고 할 수 있습니다. 특히 최근 출시되는 클린디젤차 자체가 유로5라는 높은 환경기준에 충족되어 더욱 많은 인기를 끌고 있습니다. 현재 인기가 급상승하고 있는 수입차의 경우 약 60%이상이 유럽차인데 이중에서 과반수가 바로 유럽산 클린디젤승용차이기 때문입니다. 그래서 국내에서도 국내 메이커를 중심으로 다시 한 번 국산 승용디젤차 출시를 서두르고 있습니다. 국내 시장에서 활성화되어야 수출용으로도 인기를 끌 수 있습니다.

이렇게 국내 기술이 유럽산에 비하여 뒤지 이유는 약 7년전 출시된 국산 승용디젤차가 소비자의 부정적인 인식으로 판매가 급감하였기 때문입니다. 이러한 이유는 여러 가지가 있으나 정부의 환경개선부담금 등 디젤차에 대한 부정적인 인식을 심어줄 수 있는 정책이 있었기 때문입니다. 최근에 와서야 유로5이상의 클린디젤차에 대한 부담금 제도가 정지되면서 어느 정도 활성화할 수 있는 기반이 시작되었다고 할 수 있습니다. 이제는 도리어 수입 승용디젤차가 홍보를 해주는 격이 되었습니다. 그래서 균형 발전을 위해서도 다양한 연료와 시스템으로 무장한 차종이 정당한 대결을 펼치고 싸워야 기술도 진보되고 시장도 튼튼해집니다.

마침 시내형 버스는 대부분이 압축천연가스차로 교체되고 있는 과정에서 디젤 하이브리드 버스가 여러 지자체에 기증되어 주목을 받고 있습니다. 최근에 지방 지자체에 친환경 디젤 하이브리드 버스가 1대씩 전달되었습니다. 부산시의 경우 디젤하이브리드 버스는 독일 FAU 부산캠퍼스 학생과 부산테크노파크 인근 연구소, 기업체 등의 출퇴근 및 통학과 업무용에 이용하고 있습니다.

대한석유협회가 예산 2억1000만원 상당을 지원해 한국기계연구원이 연구개발한 디젤하이브리드 버스는 최신 클린디젤 엔진과 전동모터가 장착된 AMT(6단 변속기)를 적용한 세계 최고 수준의 병렬식 하이브리드 모형으로 기존 CNG 버스에 비해 이산화탄소 배출량이 20% 이상 적은반면 연비는 40% 이상 높습니다. 다양한 모델이 이용되어 국내 에너지 절약 운동에 큰 도움이 되었으면 합니다.

12

하이브리드차의
발전은 어디까지?

|하이브리드&전기자동차 · 대체에너지|

최근 가장 인기를 끌고 있는 차종이 바로 친환경차입니다. 여기에는 여러 가지 종류가 있으나 가장 활성화가 가능한 차종이 바로 하이브리드차와 전기차입니다. 그러나 전기차는 아직까지 경제성, 내구성, 충전 인프라 등 각종 문제로 완전한 상용화에는 문제가 많습니다. 그래서 현실적으로 가능한 최고의 친환경차는 바로 하이브리드차입니다. 1997년 세계 최초로 상용화한 도요타의 프리우스가 시작된 이래 대부분의 특허는 일본이 석권하고 있습니다. 그래서 성능이 좋은 하이브리드차는 모두 일본이 차지하고 있습니다.

그러나 올해 우리나라가 일본의 특허를 피해 독자적인 고성능 하이브리드차를 개발하는 데 성공하였습니다. 그리고 미국에 진출하여 일본의 하이브리드차와 어깨를 나란히 할 정도로 인기를 끌고 있습니다. 하지만 하이브리드차는 이제 시작입니다. 안정되고 고성능의 하이브리드차가 출시되면서 더욱 소비자들의 인기를 끌고 있습니다. 그렇다고 바로 모든 차가 하이브리드차가 차지하는 것은 아닙니다.

최근 발표한 내용 중 2020년에 약 5%의 하이브리드차와 약 10%의 플러그인 하이브리드차가 차지하고 이제 시작된 전기차는 최대 5% 정도 차지한다고 분석하였습니다. 그리고 나머지 약 80% 정도는 기존의 가솔린차와 디젤차가 차지한다고 했습니다. 여기서 주목할 만한 것은 바로 플러그인 하이브리드차입니다. 기존의 하이브리드차는 엔진과 모터를 겸용하여 최고의 연비를 지향하는 차종이나 배터리 용량이 적어 효과는 반감될 수밖에 없습니다.

그러나 플러그인 하이브리드차는 여분의 배터리를 더욱 보강하여 엔진 가동 전에 배터리를 이용하여 모터를 활성화하는 것입니다. 그 만큼 더욱 연비를 높일 수 있습니다. 그래서 플러그인 하이브리드차의 가능성이 더욱 크다는 것입니다. 가격과 성능, 그리고 내구성도 보장되는 가장 친환경차로 탄생할 것입니다. 수년 내로 플러그인 하이브리드차는 가장 부각된 친환경차로 등장할 것입니다. 앞으로 고연비 차량의 선택과 에코드라이브의 적극적인 시행은 이제 선택이 아니라 필수라는 것입니다.

13

해양 미세조류를 이용한 바이오디젤 완성, 친환경 에너지 확대에 기여한다.

|하이브리드&전기자동차 · 대체에너지|

　　자동차에 소모되는 에너지의 양은 전체 에너지의 20%를 넘습니다. 특히 산업용 등의 경우 에너지 절약은 경제발전에 역행할 수 있는 요소가 많고 개선에 상당한 비용을 지불하여야 가능하나 상대적으로 수송용은 참가하는 정도에 따라 상당한 에너지 절약이 가능하다는 것입니다. 더욱이 운전자의 운전습관으로 버리는 에너지는 상당하여 세계적으로 노력하는 이유도 바로 여기에 있습니다.

　　우리는 다른 선진국에 비하여 에너지 수입은 전적으로 해외에 의존하면서도 에너지 낭비는 매우 큰 국가에 속합니다. 그래서 더욱 차량에 소모되는 에너지 절약이 중요한 것입니다. 이를 대표하는 친환경 경제운전인 에코드라이브가 바로 그 운동입니다. 운전자의 운전습관 개선은 이제 가장 기본적인 운동이 되고 있습니다. 이와 더불어 자동차의 시스템 개선을 통한 에너지 절약과 연료 자체를 개선하여 친환경 연료를 사용하는 것입니다. 자동차 연료는 다양하게 연구되고 있습니다. 알코올이나 바이오 디젤, DME, 바이오가스 등 다양하게 연구되고 사용되고 있으나 아직은 미미한 편입니다.

　　우리나라에 적합한 대체 연료는 많이 있지는 못합니다. 이 중에서 가장 적절한 연료중의 하나가 바로 바이오 디젤입니다. 이전에는 팜 등 식물성을 이용한 방법이 많이 사용되었으나 아직 여러 단점이 있어 기존 경유에 함유시켜 사용하는 방법에 국한되었습니다. 최근에 삼면이 바다인 우리나라의 특성에 맞는 해양 미세조류를 이용한 바이오디젤이 국내 디젤 품질기준을 통과해 주목받고 있습니다. 국내에서 판매되는 모든 휘발유와 디젤의 상용화와 판매를 위해서는 국가 공인기관인 한국석유관리원의 품질기준을 만족해야 합니다. 이번에 개발된 바이어 디젤은 해양에 서식하는 단세포 미세조류로부터 기존의 방법과는 다른 용매와 촉매를 사용해 추출한 것입니다. 특히 기존 팜유 바이오디젤의 가장 큰 문제로 지적되던 저온유동성(필터 막힘 현상)을 크게 개선했습니다. 대량 생산 체제를 갖추어 친환경 에너지 공급에 박차를 가했으면 합니다.

14
연료전지차의 가능성
|하이브리드&전기자동차 · 대체에너지|

　　친환경 자동차의 범주에는 국내법에서 6가지가 있습니다. 이 중 실제로 주목을 받고 있는 종류는 클린디젤차, 하이브리드차, 전기차 등입니다. 이러한 차종은 실제로 운행이 되거나 될 예정으로 있습니다. 클린디젤차와 하이브리드차는 유행이 많아지고 있고 전기차는 이제 시작이어서 본격적으로 보급될 예정이나 기존 차량에 비하여 단점이 한 두가지가 아니어서 풀어야 할 숙제가 많다고 할 수 있습니다. 아직 시간을 많이 필요로 한다고 할 수 있습니다. 그러나 전기차는 차량 자체만으로는 완전한 무공해 자동차여서 더욱 주목을 받고 있습니다. 그러나 앞으로 기술개발을 통하여 더욱 완벽한 친환경 자동차가 있습니다. 바로 연료전지차입니다.

전기차의 한 종류이면서 수소와 산소를 원료로 사용하여 완전한 무공해이고 전기에너지를 자체적으로 무공해로 만들어 진정한 완전 무공해 자동차입니다. 상대적으로 현재의 전기차의 경우 소요되는 외부의 전기에너지를 일반 발전소 등에서 만들 경우 환경 오염은 물론 소모량이 급격히 늘게 되면 덩달아 환경오염원도 더욱 늘어나게 됩니다. 그래서 전기차는 전기에너지를 어떻게 만들어 공급하는가가 중요한 요소입니다.

그러나 연료전지차는 이러한 문제가 전혀 없습니다. 역시 문제는 수소의 발생, 이동, 저장 등의 방법이 완전치 못하고 가격은 물론 안전상의 문제 등 아직 풀어야 할 숙제가 많습니다. 가장 어려운 난제라고 할 수 있습니다. 현재 세계 각국에서 시범적으로 운영되고 있는 시범차는 완전 상용화하기에는 아직 문제가 많습니다. 그러나 기술개발 속도가 얼마나 빠르게 진행되느냐에 따라 상용 시가는 달라질 것입니다.

우리나라도 열심히 연구하는 나라 중의 하나입니다. 기술 개발 등이 뒤떨어지지 않는다고 할 수 있습니다. 하루속히 이러한 완전한 무공해 자동차가 출시되어 지구 환경에 대한 오염 걱정이 사라졌으면 합니다.

15

전기차,
얼마나 에너지 절감에 기여할까?

|하이브리드&전기자동차 · 대체에너지|

최근 전기차에 대한 관심이 어느 때보다 높습니다. 이미 미국에서는 GM의 시보레 볼트라는 플러그인 하이브리드차가 본격적으로 출시되기 시작했고 미쓰비시의 아이미브나 닛산의 리프도 양산이 시작되었습니다. 또한 앞으로 다른 메이키에서도 본격적으로 출시기 될 것으로 판단됩니다. 문제는 아직 전기차는 가솔린차 대비 약 3배의 가격과 10년 내구성의 보장이 쉽지 않고 충전 인프라가 아직은 없어서 활성화에는 여러 가지 난관이 많은 실정입니다. 물론 차량 자체가 완전 무공해라는 가장 큰 장점은 어느 단점보다 훨씬 큰 잇점입니다. 그러나 상기한 각종 단점이 하나라도 남게 되면 소비자의 선택은 한계가 있을 수밖에 없습니다. 그럼에도 불구하고

전기차는 분명히 상용화되어 미래의 자동차 시장에서 가장 중요한 역할을 할 것입니다. 이러한 전기차가 활성화될 경우 지금보다 어느 정도 에너지 절약 등 각종 잇점이 있을까요?

우선 에너지 유지 비용이 크게 절감됩니다. 현재는 일반 가솔린 대비 약 10% 정도이므로 유류비가 비교가 되지 않습니다. 그러나 전기차가 많이 보급되어 전기에너지가 많이 필요하면 그 만큼 수요와 공급비율에 따라 현재의 20% 이상으로 올라갈 것으로 판단됩니다. 물론 중요한 이산화탄소 같은 배출가스는 전혀 배출되지 않아 무공해라는 장점이 가장 클 것입니다. 앞으로 강화될 환경 규제에 대해서도 가장 능동적인 대처가 가능한 유일한 차종이라고 판단됩니다.

물론 전기에너지가 많이 소모되면 이 전기에너지를 만드는 발전소에서 배출되는 이산화탄소 등은 오염원으로 작용할 것입니다. 모든 것이 상대적인 만큼 어떠한 방법으로 가장 효율적이면서 지구 환경을 보호하는 방법인 지 머리를 맞대고 고민해야 할 과제입니다. 우리 미래의 생존이 달린 문제이기 때문이죠.

16

하이브리드차 이미지
어떻게 생각하고 있습니까.

|하이브리드&전기자동차 · 대체에너지|

하이브리드차는 여러 가지 친환경 자동차 중 가장 대표 모델입니다. 기존 자동차의 오염원을 가장 적게 배출시키면서 기존 시스템에 배가된 시스템을 통하여 각종 장치에 대한 안전도와 신뢰성이 높습니다. 상대적으로 얼마 전 부각되고 있는 전기차는 아직 엔진과 변속기가 없는 새로운 시스템을 이용하고 배터리 내구성 등이 아직은 의심되며, 충전 인프라가 없이는 운행이 불가능합니다. 더욱이 가격이 기존 차량에 비하여 약 3배가 높은 취약점을 가지고 있습니다. 그래서 아직 이 문제가 해결되기 위해서는 상당한 시간이 필요로 됩니다. 그러나 상기와 같이 하이브리드차는 안전도가 높고 신뢰성이 높은 장점을 지니고 있습니다. 물론 단점도 있습니다. 완

전한 무공해 자동차가 아닌 과도기적 모델 특성이 있고 가격도 기존 차량에 비하여 조금은 높습니다. 그래서 이를 보완한 플러그인 하이브리차가 주목받고 있습니다. 이러한 하이브리드차는 1997년 12월 일본 도요타 프리우스가 최초로 시장에 내놓았지만 활성화 시작에 10년이 걸렸습니다. 지난 2007년에야 본격적으로 주목받기 시작했습니다.

지난 2009년 7월에 판매된 국산 최초의 LPi 하이브리드차는 아주 높은 연비 구현이 되지 못해 그렇게 인기를 끌지 못했습니다. 그리고 그 중요성과 구입에 대한 인센티브도 크게 부각되지 못했습니다. 그러나 2011년은 의미가 남다른 해였습니다. 어떻게 보면 실질적인 국산 가솔린 하이브리드차 모델이 출시되어 국민 앞에 다가갔다는 것입니다. 이전 모델에 비하여 연비도 높고 신뢰성은 더욱 높아졌습니다. 그리고 수입되고 있는 다양한 수입산 하이브리드차와 본격적인 대결을 펼치고 있습니다. 친환경 경제운전인 에코드라이브는 운전의 개선을 통한 에너지 절약이나 하이브리드차의 선택은 첫 단추부터 시작하는 방법인 만큼 큰 관심을 가져도 좋을 것입니다. 앞으로 기대가 됩니다.

ECO

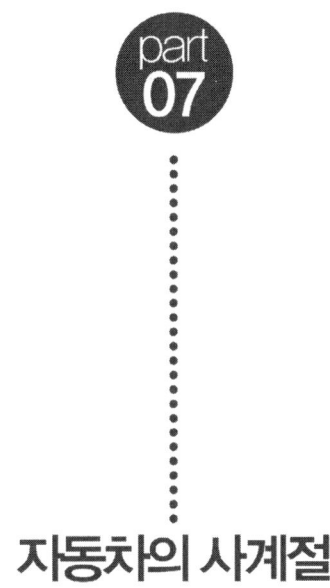

part
07

자동차의 사계절

DRIVE

01

추운 겨울의 차량관리,
연비와 내구성에 큰 영향을 준다.

|자동차의사계절|

　　친환경 경제운전인 에코드라이브를 위한 방법에는 대표적으로 에코드라이브 실천 강령 10가지를 생각할 수 있습니다. 그 내용 중에는 정기적인 차량관리 내용이 있습니다. 철저한 차량관리가 연비는 물론 고장빈도를 줄이고 내구성을 증가시키는 것은 당연한 이치입니다. 특히 우리나리와 같이 사계절이 뚜렷한 경우 계절별 차량관리가 다른 것은 당연하다 할 수 있으나 특히 겨울철의 차량관리는 더욱 중요합니다.

　　더욱이 최근의 날씨는 심각한 수준을 넘은 것으로 보입니다. 지구온난화 현상으로 겨울철의 온도가 특히 낮아 눈도 많이 오고 예전의 겨울과는 차원이 다릅니다. 앞으로 겨울에는 심하고 지속적인 추위로 인하여

디젤승용차의 시동이 걸리지 않거나 운행 도중 고장이 나는 경우가 많아 심한 고생을 한 국민이 한두 명이 아닙니다. 특히 밖에 차량을 지속적으로 주차하는 경우 더욱 이러한 문제는 늘어만 갑니다. 그래서 더욱 겨울철 차량의 관리의 중요성이 부각되는 것입니다. 예전과는 다르게 더욱 신중하고 자주 관리를 하여야만 합니다.

엔진오일이나 냉각수, 워셔액은 물론 타이어 등의 기본관리와 함께 차량을 주차시켜 보호하는 방법도 더욱 신경을 써야 합니다. 날씨가 지속적으로 추우면 가능하면 실내로 들어가 주차하여야 하고 실외의 경우 사용하지 않는 담요 등으로 엔진룸을 덮어 놓으면 크게 도움이 됩니다. 미리 덮어놓아야 하고 아침에는 부지런하게 거두어 두기도 하여야 합니다. 차량은 사람과 같이 관리를 하고 겨울철에는 따뜻하게 하면 큰 도움이 됩니다. 지속적으로 몇 년 만 번복되면 연비도 유지되고 고장빈도도 줄어들게 됩니다. 결국은 내구성을 좌우하게 될 정도가 됩니다. 날씨 변화가 매년 심해질수록 더욱 차량관리에 신경을 쓰기 바랍니다. 그리고 함께 에코드라이브하기 바랍니다.

02

봄에는
가벼워야 합니다.

|자동차의사계절|

완연한 봄입니다. 추운 겨울을 지나 따뜻한 봄날이 오면 마음부터 가벼워지는 것을 느낄 수 있습니다. 당장 옷부터 바뀌게 되어 무거운 겨울 옷을 벗어던지고 가벼운 옷으로 무장하고 마음도 가벼워집니다. 움츠린 몸을 펴서 기지개를 하고 못하던 운동도 다시 하기 시작합니다. 차량도 마찬가지입니다. 그 동안 염화칼슘 등으로 찌들었던 차량도 깨끗하게 세차하고 실내 청소도 함께 합니다. 좌석 사이사이에 끼여 있던 각종 찌꺼기도 꺼내어 깨끗하게 청소합니다. 실내공기가 깨끗해지면서 운전환경은 물론이고 동승자에게 각종 공기오염으로 인한 질병을 차단할 수도 있습니다. 그리고 엔진룸도 청소하면서 각종 소모품도 교환해줍니다. 역시 가장 중요한 것은 트렁크입니다. 겨울철 필요 없던 각종 짐들이 가득합니다. 스노우 체인이나 각종 겨울용 장비가 가득하여 필요 없이 차량이 굼뜨기도 합니다. 그 만큼 연비가 나빠집니다. 친환경 경제운전인 에코드라이브 실천 강령 10가지에도 필요 없는 물건 정리하기가 있습니다.

차량이 무거운 만큼 연비는 나빠지고 차량에도 좋지 않습니다. 더욱이 겨울용은 다른 계절에 비하여 필요 없는 물건이 트렁크에 더욱 쌓이게됩니다. 우선 차량을 가볍게 해주는 것이 필요합니다. 10~20Kg 정도 차이가 있는 것이 얼마나 필요한가라는 의문이 있기도 하지만 쌓이면 연비 등에 큰 영향을 줍니다. 또 하나 계절에 관계없이 차량이 무거워지는 원인에는 골프세트가 있습니다. 1~2주일에 한번 필드에 갈까 말까 하면서도 항상 트렁크에 넣어두는 경우도 많습니다. 그 만큼 차량은 무거워집니다. 트렁크는 꼭 필요한 물건을 넣어두고 대부분은 비워놓는 것이 좋습니다. 필요에 따라 각종 짐을 실을 수 있는 공간 확보도 중요할 것입니다. 아직 자신의 차량이 무겁다면 이 따뜻한 계절에 차량을 가볍게 해주기 바랍니다.

03

사람과 차량
모두
봄을 만끽하세요.

|자동차의사계절|

　　따스한 봄은 누구나 좋아합니다. 바깥 공기도 최고이고 차량의 창문을 통하여 들어오는 바람은 몸을 감싸고 신선함을 더해 줍니다. 사람이나 차량 모두 최고의 컨디션을 유지하는 계절이기도 합니다. 비슷한 기온을 니디내는 기을보디 봄이 좋은 이유는 아마도 새로 씩드는 계질이기 때문일 것입니다. 점차 모든 사물이 활달해지는 계절이기 때문입니다.

　　이 때 사람도 새로운 마음을 다지고 일하는 효과가 남다르게 좋아지게 됩니다. 마찬가지로 차량도 다른 계절에 비하여 원만한 상태를 유지시켜 줍니다. 이때가 차량의 유지비를 가장 줄이기 좋은 계절입니다. 고유가 시대에 유류비 절약은 기본적인 의무가 되고 있습니다. 그래서 더욱 봄은 차량 유지비를 줄이기 좋습니다. 차량의 상태가 좋다보니 연비도 좋게 할 수 있습니다. 운전자의 컨디션이 좋으니 친환경 경제운전인 에코드라이브도 기분 좋게 시도해 볼 수 있습니다. 마음의 여유가 있다 보니 연비효과도 좋습니다. 차량과 자신이 하나가 되어 가장 최적의 결과를 도출할 수 있습니다. 그래서 봄은 약 3개월간은 최고의 계절입니다. 이렇게 여유로울 때 차량의 상태를 전체적으로 점검하는 계절이기도 합니다.

우리 건강은 몸에 이상이 있을 때 건강검진을 하는 것보다 건강할 때 제대로 볼 수 있다고 합니다. 마찬가지로 차량도 이렇게 상태가 좋고 최고의 상태일 때 하나하나 점검하면 보이지 않은 문제를 찾아 완벽한 조치를 취할 수 있습니다. 이러한 조치를 하면 상당히 긴 기간 동안 차량의 상태가 오래갈 수 있습니다. 이러한 감각을 지니고 있으면 에코드라이브의 의미를 찾는데 크게 기여할 수 있습니다. 이렇게 따스한 봄날 평상시의 연료비용을 약 30% 정도 줄이는 방법을 찾아보지 않으렵니까? 가능하다는 것입니다. 이 목표는 멀리 보이지만 봄에는 조건이 완벽하여 목표 달성이 가능한 계절입니다. 꿈을 크게 갖기 바랍니다.

04

이제 본격적으로 에코드라이브를 할 수 있는 계절이 왔다.

|자 동 차 의 사 계 절|

　이제 본격적으로 계절이 따뜻해지는 봄이 오고 있습니다. 최근 겨울 날씨가 예년과 달리 맹추위가 반복되고 눈도 종종 와서 운전자는 물론 차량도 어려움이 가중되고 관리도 어려웠다고 할 수 있습니다. 시동이나 운행 중 문제가 발생하는 경우도 많아서 연비는 고사하고 차량이 정상적으로 동작되는 지가 더욱 중요하기 때문입니다.

　그러나 이제 날씨가 따뜻해지면서 차량에 대한 관심이 달라질 시기가 되었습니다. 봄은 사람도 활동량이 많아지고 멈추었던 운동도 시작하는 시기입니다. 차량도 그렇습니다. 그 동안 멈추었던 차량 관리도 본격적으로 시작하여야 하고 유가 문제로 고민이 되었던 유지비도 아낀다는 측면에서 친환경 경제운전인 에코드라이브도 할 수 있기 때문입니다.

우선 차량관리부터 시작하는 것이 좋습니다. 겨울철 염화칼슘 등이 묻어있는 경우가 많으므로 부식 등을 방지하기 위하여 외부 세차는 물론 실내 청소도 철저히 하여 실내 공기를 깨끗하게 하는 것도 필요합니다. 동시에 단골 정비 업소에 들러 엔진오일, 브레이크 오일은 물론 에어클리너 등 일반 소모품 교환이 필요합니다. 그리고 스노우 타이어였다면 일반 사계절 타이어로 교체하면서 공기압과 마모여부도 함께 보도록 합니다. 그리고 트렁크에 있던 각종 스노우 체인 등 겨울 용품을 내려서 무게를 가볍게 하는 것도 필요합니다. 차량 모든 것을 하나하나 살펴보고 점검하면 차량은 안팎이 깨끗해집니다. 이제 본격적으로 에코드라이브를 할 수 있는 준비자세가 됩니다. 이제 시작하는 것입니다. 많이 알려진 에코드라이브 방법을 시도해보고 결과를 비교해보는 등 다양한 고민도 필요합니다. 분명히 에너지 절약이라는 실리를 챙기고 이산화탄소 저감이라는 명분도 만들 수 있습니다. 당장 차량관리부터 시작하시죠.

05

주말 마다
차량 점검하는 날로 하면 어떤지요?

|자동차의사계절|

날씨가 좋아지면서 야외 활동하기 좋은 계절이 오고 있습니다. 그동안 하지 못했던 운동도 하고 집안 소일거리도 하면서 정리도 하는 것도 좋은 방법 중의 하나입니다. 특히 주말에는 집안 청소를 하는 사람이 많습니다. 걸레질이나 먼지를 털어도 집안 분위기가 다르고 공기자체가 달라집니다. 그런데 운행하는 차량도 함께 관리하면 금상첨화일 것입니다. 차량이 지저분하면 깨끗한 옷을 걸치고 있어도 무언가 찜찜한 기분을 느끼는 사람이 많습니다. 더욱이 시동이나 엔진 부조를 일으켜 간혹 시동이라도 꺼지면 찜찜한 기분은 더욱 심해집니다.

이때가 바로 차량 관리가 집중적으로 필요한 시기입니다. 날씨 좋은 주말 셀프 주차장에서 세차도 하고 엔진 보닛을 열고 내부도 청소하면 더욱 좋습니다. 대부분은 외부는 세차하면서도 내부는 닦지 않는 경우가 많습니다. 내부를 청소하면 고장 빈도가 줄어들 정도로 좋은 효과가 있습니다. 부품의 관리가 좋아지기 때문입니다. 당연히 실내도 청소하여 사이사이에 낀 각종 찌꺼기를 청소하여도 훌륭합니다. 곰팡이 등이 피게 되면 알레르기나 아토피성 피부염을 일으킬 수 있습니다. 아이들에게 아주 안 좋은 공기상태가 되는 것이죠.

차량 점검은 더욱 중요합니다. 본인이 관심을 가지고 있어 기본적인 상식을 가지고 엔진오일이나 그 밖의 각종 소모품을 볼 수 있으면 좋겠지만 잘 모르면 가까운 단골 정비업소로 가는 것도 좋습니다. 일반적으로 주말에도 문을 여는 정비 업소는 상당히 많습니다. 직장인들은 주중에 오기란 여간 어려운 일이 아닙니다, 주말에 이용하는 소비자들도 많습니다. 정비 업소에서 이것저것 물어보면서 조금씩 배우면 나중에 큰 도움이 됩니다. 무리하게 급하게 배우지 말고 서서히 배워도 2~3년 이면 상당한 노하우가 누적됩니다. 이제 주말은 차량 점검하는 날입니다.

06
여름에는
에어컨 사용법만 알아도
10% 이상 에너지 절약이 가능하다.
|자동차의사계절|

　여름철하면 무엇이 생각나십니까? 더운 날씨로 사람도 무리가 갈 수 있는 계절인 만큼 하나하나 챙겨야 할 것들이 많습니다. 차량도 마찬가지입니다. 모든 것이 악조건으로 바뀔 수 있는 것이 차량입니다. 더운 날씨에 많이 노출되어도 좋지 않고 무리하게 아스팔트 위에 가다 서다를 반복하여도 다른 계절에 비하여 무리가 많이 가게 됩니다. 높은 온도는 역시 차량에 가장 악조건을 만들기 때문입니다. 그래서 더욱 차량 관리에 만전을 기해야 합니다.

　10년을 생각하고 운행하는 만큼 잘 운행하면 고장도 발생하지 않고 내구성도 좋아집니다. 중간에 차량을 바꿀 경우 중고차 값도 높게 받을 수 있습니다. 여름철 관리 방법은 친환경 운전인 에코드라이브 실천 강령 10가지에 많이 언급되어 있지만 중요한 부분 중의 하나는 바로 에어컨 사용입니다. 한낮에는 에어컨 사용이 부쩍 늘어납니다. 이 때 미리 사용량이 늘기 전에 확인점검을 하여야 합니다. 에어컨 가스 점검은 물론 오래 사용하였으면 에어컨 시스템 모두를 점검하면 한여름 사용 중에 고장이 나는 것을 방지할 수 있습니다. 그리고 본격 사용하면서 에어컨 사용법을 알면 에너지 절감에 큰 도움이 됩니다.

　　우선 에어컨은 시동을 걸고 켜야 하고 시동을 끄기 전에 미리 에어컨 스위치를 끄는 것이 필요합니다. 차량에 무리도 안가고 에어컨의 시원한 감을 끝까지 누릴 수 있습니다. 아주 더운 낮에 에어컨을 켤 때는 차문을 미리 열고 반대편 문을 연 다음 한쪽 문을 열었다 닫았다 하면 차 안의 뜨거운 열을 빠르게 빼낼 수 있습니다. 그리고 시동을 걸고 창문을 모두 열고 에어컨을 켜는데 최대한 높게 켜는 것입니다. 시원한 공기가 차안의 나머지 열기를 창문으로 빼내면서 빠르게 차안을 시원하게 만듭니다. 그리고 창문을 모두 닫고 서서히 에어컨 스위치를 낮게 하면 차안의 시원한 상태가 유지되면서 최대한 에너지 절약형 에어컨 사용이 가능해집니다. 그리고 고속에서는 에너지 절약을 위하여 창문을 열어놓고 달리기보다는 낮은 상태의 에어컨 사용이 덜 에너지를 사용할 수 있습니다.

07

전기차의 가장 큰 적은
여름철 에어컨 사용하기

|자동차의사계절|

최근 부각되고 있는 차량이 바로 친환경차입니다. 이 중에는 여러 가지가 있지만 하이브리드차, 전기차 등이 부각되고 있습니다. 그리고 유럽은 클린디젤을 무기로 디젤 하이브리드 차량 개발에 여념이 없습니다. 하이브리드차는 기존의 엔진과 배터리를 이용한 모터를 병용하여 효율적으로 사용할 수 있는 현실적인 가장 대표적인 친환경차입니다. 이를 보완하여 배터리 기능을 전기차와 같이 추가하여 만든 차량이 바로 플러그인 하이브리드차입니다. 그러나 이 차량은 아직 연비 향상에 한계가 있고 배기가스도 일부 배출하게 됩니다. 그래서 차량 자체가 완전한 무공해인 전기차를 연구하고 있는 것입니다.

전기차는 최근 4년 전에 양산 모델이 출시되고 있지만 가격의 매우 높고, 배터리 내구성의 한계, 충전시간의 한계 및 충전 인프라 구성 등 한두 가지 단점이 있는 것이 아닙니다. 어느 하나라도 남아있다면 소비자는 구입을 꺼려할 수밖에 없습니다. 그러나 최근 기술개발이 지속적으로 이루어지면서 빨리 경제성 있는 상용화 모델이 출시될 것으로 판단됩니다. 전기차가 이용되면서 가장 신경이 쓰이는 부분이 많이 있으나 에어컨 사용을 고민해야 합니다.

결국 전기차는 배터리에 저장된 전기에너지를 사용하는 관계로 가벼운 차체와 고기능으로 멀리 가야하는 특징이 있습니다. 그러니 여름철 에어컨은 전기에너지를 가장 많이 사용하는 기기입니다. 전기에너지를 많이 사용하는 만큼 주행거리가 상대적으로 줄어든다는 것입니다. 그래서 별도로 전기식 에어컨 및 컴프레셔 등 고성능 전용 설비를 공급하고 있습니다. 그래도 아직 전기에너지 소모가 많습니다. 여름철에는 주행거리가 확줄 수밖에 없다는 것이죠. 노력해야 합니다.

물론 아직은 전기차나 하이브리드차 같은 친환경차의 시장 점유율은 미미합니다. 완전히 시장경제 체제에 어울리는 경제성 있는 친환경차의 필요성은 커지고 있습니다. 이 중 전기차의 필요성은 더욱 커질 것입니다. 그리고 머지 않아 전기차가 시장에서 주도하는 시대가 올 것입니다.

08

아침 출근 어떻게 하고 있습니까?

|자 동 차 의 사 계 절|

이렇게 더운 여름날 아침 출근 시간대는 정신이 없습니다. 늦게라도 일어나면 밥은 고사하고 정신없이 차를 몰고 어떻게 직장에 왔는지도 기억이 나지 않을 경우도 있을 정도입니다. 이러한 상태이니 에코드라이브 같은 친환경 경제운전은 생각지도 못합니다. 급출발에다 급가속, 급정지는 기본이고 경우에 따라 신호등 위반도 합니다. 양보는 생각지도 못합니다.

우리는 이렇게 급하게 살고 있습니다. 외국 사람들이 우리나라에 오면 사람들의 걸음걸이도 빠르고 차량도 물론 빠르며, 전체가 급하게 돌아가는 톱니바퀴와 같다고도 합니다. 당연히 차량의 운전은 급하게 되고 무리를 하게 됩니다. 그래서 아침 5분의 중요성이 여기에 있습니다. 당연히 아침에 잠자리에서 나오는 시간은 조금 서둘러야 합니다. 처음에는 어렵더라도 습관이 중요하므로 의식적으로 약간 일찍 일어납시다. 준비를 끝내고 주차장에 있는 차량에 가면 시동부터 걸고 급하게 나오기 보다는 한 템포 느리게 운전하기 바랍니다. 미리 차량의 상태를 확인해 보는 것입니다. 시동을 걸어놓고 내려서 한 바퀴 차량을 돌아봅니다. 바퀴도 보고 차량에 다른 이상은 없는지 확인하는 것입니다. 이 때 타이어 공기압이 적거나 차량에 큰 흠집이라도 발생하면 조치를 취할 수 있습니다.

특히 공기압의 상태는 안전운전에 가장 중요한 핵심사항입니다. 그리고 이 돌아보는 시간 동안 워밍업이 되면서 차량은 운전하기 가장 좋은 상태가 됩니다. 이러한 반복은 예방 차원의 안전조치도 가능하고 차량의 내구성을 좋게 하여 고장빈도를 줄이고 수명을 늘려줍니다. 장기적으로 보면 비용 절감에 큰 영향을 준다는 것입니다.

그리고 가장 좋은 이유는 한 템포 느린 운전을 가능하게 하여 양보도 하고 교통 환경을 보는 시야도 넓게 하여 혹시라도 모를 교통사고를 방지할 수도 있습니다. 당연히 에코드라이브는 쉽게 행해집니다. 우선 운전자의 여유 있는 마음가짐이 에코드라이브의 시작이라는 것입니다. 5분만 일찍 서두르기 바랍니다.

09

여름철 빗길 교통사고
많은 이유

|자 동 차 의 사 계 절|

　　여름철 장마가 시작되면 빗길 교통사고가 줄을 잇게 됩니다. 특히 주말 장거리 운전이 많아지면서 사망자도 속출할 정도로 문제가 많습니다. 이렇게 교통사고는 물론 사망자가 많은 것은 역시 운전에 문제가 많기 때문입니다.

　　우리가 항상 얘기하는 친환경 경제운전인 에코드라이브와는 완전히 역행한다고 할 수 있습니다. 에코드라이브는 한 템포 느린 운전이라고 합니다. 여유를 갖고 운전하자는 취지이죠. 모든 것이 급한 마음에서 시작됩니다. 특히 교통사고 많은 이유는 빗길이면서도 급하게 운전하기 때문입니다. 더욱이 젊은 층이 많은 이유도 과속을 일삼기 때문으로 분석되었습니다. 더욱이 최근에는 고속도로의 최고 속도가 10Km씩 상향되기 시작했습니다. 그 만큼 마음이 급해졌고 속도에 둔감해졌다는 뜻입니다. 연료 소모는 적게는 1.5배에서 2배로 늘어납니다. 우리가 얘기하는 정속도인 시속 80Km 정도는 남의 일입니다. 물론 이 속도는 고속도로의 경우 더 높여 가는 것이 상례이겠죠. 그러나 너무 높였다는 것입니다. 아직 우리는 에코드라이브와는 다른 세계에 살고 있습니다. 얘기는 많이 듣게 되면서도 막상 운전대를 잡으면 마음과 몸이 따로 생각하고 행동한다는 것입니다. 그래서 에코드라이브가 중요한 이유입니다. 이제 시작이지만 에코드라이브 운동을 통하여 에너지 절약과 이산화탄소 저감은 물론 한 템포 느린 운전으로 인한 교통사고 감소를 이룰 수 있습니다. 최악의 교통지수에서 벗어나는 방법은 에코드라이브의 범용화를 통한 한 템포 느린 운전입니다. 역시 교육과 단속이 병행되어야 할 것입니다.

　　향후 5년만 노력하면 이 효과는 크게 나타날 것입니다. 교통 인프라의 현대화와 단속기준의 강화도 중요하지만 동시에 에코드라이브 등과 같은 제도적인 집중 교육이 필수적으로 필요한 시기입니다. 근본부터 다시 시작해야 합니다.

10

물웅덩이를
조심하여 건너세요.

| 자 동 차 의 사 계 절 |

여름을 지나면서 올해는 유난히 비가 많이 오고 있습니다. 앞으로도 우리의 여름은 아열대성 기후로 변하면서 더욱 비가 많이 올 수 있다고 합니다. 그래서 더욱 비에 대한 대비책이 필요한 시점입니다. 여기에 가을까지 영향을 주는 태풍도 하나의 변수입니다. 당연히 차량에는 습기로 인하여 좋지가 않습니다.

최근의 차량은 일반 기계장치만 있는 것이 아니라 전기전자장치, 반도체 등 각종 습기에 취약한 부품들이 많습니다. 이 부품들에 습기가 있으면 고장의 원인이 됩니다. 그래서 최근과 같이 비가 많이 오는 계절에는 차량관리에 조심을 하여야 합니다. 더욱이 올해는 비가 많이 올 경우 길가에 파인 웅덩이들이 많습니다. 여기에 물이라도 넘치게 되면 운전자는 그 깊이나 크기를 가늠하기 힘듭니다. 여기에 차량이 지나가다가 차량이 빠지거나 시동이 꺼질 수도 있습니다. 당장 차량에 큰 영향을 주게 됩니다. 깊이를 가늠하기 힘들면 앞차를 보고 확인할 수도 있습니다. 앞차의 머풀러 부분까지 물이 올라와 있으면 따라서 건너지 말아야 합니다. 앞차가 SUV인 경우 높이가 높으므로 이를 고려해야 합니다. 자신이 맨 앞에 있으면 고개를 옆으로 내밀어 타이어에 올라오는 물의 높이를 가늠해야 합니다. 약 타이어 반 정도 채워져 있으면 더 이상 건너면 안됩니다. 역시 시동이 꺼질 수 있습니다.

　물웅덩이를 건널 때는 저속 기어로 변속 없이 건너야 하고 부하 부담을 줄이기 위하여 에어컨은 끄는 것이 좋습니다. 속도도 느리게 일정 속도를 유지하여야 합니다. 그리고 조그만 웅덩이도 조심하여야 합니다. 비가 계속 내릴 경우 도로 곳곳이 파여 있어 차량에 큰 문제가 발생할 수 있습니다. 고속에서 순간적으로 덜컹거리면 쇽업쇼버 등 현가장치는 물론 타이어 및 휠 등에 무리가 갈 수 있습니다. 차량 고장의 원인을 제공할 수도 있습니다. 그래서 조심스럽게 속도를 늦추고 한 템포 느리게 운전하여야 합니다. 에코드라이브의 요령은 이런 장소에서 발휘됩니다. 할 수 있다는 자신을 가져야 하지만 무리하게 않게 조심하면 더욱 좋습니다.

11

철저한 차량관리
침수되지 않게 조심하세요.

|자 동 차 의 사 계 절 |

최근의 여름은 특히 비가 많이 오고 있습니다. 물론 최근에 지구 이상 기온으로 전 세계가 기후 변화에 의한 고통을 많이 느끼고 있습니다. 우리나라도 예외는 아니어서 겨울보다 여름이 약 18일 정도 늘어났다고 합니다. 그 만큼 국지성 폭우와 폭염이 많다는 뜻입니다. 올해도 그런 가능성이 높습니다. 국지성 폭우로 전국적으로 각종 재산상의 피해는 물론 인사사고도 많이 발생하여 주변을 안타깝게 하였습니다. 이 중에서도 차량이 많은 피해를 보았습니다.

지난 2011년 서울 강남의 폭우로 이 지역에서만 5천대 이상의 침수차가 발생하였고 수입차만 400대가 넘는답니다. 전국적으로 1만대 이상이 될 것으로 추산됩니다. 여기에 가을까지 다가오는 태풍은 더욱 차량에 대한 침수 가능성을 높입니다. 차량이 침수가 되면 복구가 어려울 정도로 각종 전기전자장치가 많습니다. 휴대폰을 물에 빠뜨리면 다시 사용할 수 없듯이 차량이 상당부분 물에 침수되면 사용이 어려울 정도로 문제가 심각합니다. 이러한 차량이 시중에 나와 일반 중고차로 둔갑하면 더욱 큰 사회적 피해자가 늘어납니다. 그래서 더욱 조심하여야 합니다. 구입도 조심하여야 하지만 우선 자신의 차량이 침수되지 않게 조심하여야 합니다.

최근 항상 강조하는 에코드라이브는 연료를 절약하는 운동이지만 요즈음 같은 경우 더욱 조심하여야 할 것이 바로 폭우에 따른 침수 예방입니다. 차량을 버리면 에코드라이브의 의미가 사라집니다. 당연히 철저한 차량관리는 에코드라이브의 시작입니다.

요즈음 같이 비가 많은 경우에는 차량을 고지대에 주차하여야 하고 절대로 강변 주차장 등 낮은 지역에는 주차하면 안됩니다. 아주 급하여 강변 주차장 등에 주차할 경우 만약을 대비하여 최소한 입구 방향으로 차량을 돌려놓아 빨리 빠져나올 수 있도록 하여야 합니다. 물웅덩이를 지날 때도 너무 모험을 즐기지 말고 우회하는 것도 괜찮습니다. 그리고 습기가 많은 지역을 많이 통과하면 맑은 날 잘 말려 차량이 녹슬거나 문제가 발생하는 것을 방지하여야 합니다. 그래서 더욱 계절별 차량관리 의식도 중요합니다.

12

폭염과 폭우
모두 차량에는 해악이다.

|자 동 차 의 사 계 절|

　　최근 날씨가 심상치가 않습니다. 예년에 비하여 최근 날씨는 일상 날씨와 달리 극한으로 치닫는 경우가 많아지고 있습니다. 겨울에는 폭설과 추위가 계속되고 여름에는 폭염과 국지성 폭우가 심해지고 있어서 더욱 그렇습니다. 일상생활에서 더욱 조심하여야 할 일이 많아지고 있고 특히 차량관리에 대한 주의사항도 많아지고 있습니다. 재산상의 가치 중 자동차는 매우 큰 자산에 해당됩니다. 더욱이 고급차인 경우 더욱 그러할 것입니다.

　　최근 국지성 폭우로 수천 대의 침수차가 등장하였고 적지 않은 차량들이 습기에 노출되어 차량 고장의 원인을 제공하고 있습니다. 또한 이어지는 폭염은 차량을 더욱 지치게 만듭니다. 너무 극한의 주변 환경은 역시 차량에 좋지 않기 때문입니다. 분명한 것은 국내 기후가 아열대성으로 변하면서 여름은 18일 정도가 늘고 겨울은 18일 정도가 줄었다고 합니다. 그만큼 여름 날씨가 반복된다는 뜻도 가지고 있습니다. 이러한 날씨는 사람도 지치게 마련이어서 차량에 관심을 가질만한 여유가 적게 됩니다. 그 만큼 차량은 나빠지게 마련입니다. 그래서 더욱 차량에 신경을 써야 합니다.

항상 강조하는 친환경 경제운전인 에코드라이브의 경우 운전자의 운전 개선의지도 중요하지만 우선 차량에 대한 관심과 관리가 중요하다고 할 수 있습니다. 물론 에코드라이브를 뜨거운 여름 폭우와 폭염에 대한 방법도 마련하여 개선하여야 하겠지만 우선적으로 차량 관리가 중요하다는 뜻입니다. 폭우에 대해서는 저지대 주차 금지와 넘쳐나는 비에 노출되지 않게 보호해주는 것이 중요하고 폭염에 대해서는 뜨거운 햇빛을 피해 대낮에는 그늘진 곳에 주차한다든지 장거리 운전의 경우 가다 서다를 반복할 경우 역시 그늘진 곳에 쉬었다 간다든지 하는 것이 중요합니다. 기본적인 사항이 될 수도 있으나 차량의 수명이나 기본을 결정하는 중요한 사안이 될 수 있습니다.

항상 신경 쓰고 무리한 노출이나 운행에 대해서 자제하고 한번 곰곰이 생각하는 것이 중요하다는 뜻입니다. 역시 폭염과 폭우는 차량이 멀리해야 하는 항목입니다.

13

가을은
에코드라이브 하기 가장 좋은 계절

| 자 동 차 의 사 계 절 |

최근 고유가에 따른 친환경 경제운전인 에코드라이브가 유행하고 있습니다. 그 만큼 연료로 인한 부담이 큰 만큼 절약하기 위한 방법을 운전 방법에서 찾으려고 한다는 것입니다. 물론 연료절감기나 다른 유사 장치를 구입, 탑재하여 절약을 하려는 사람두 주변에는 많이 있으나 실제루 연류 절감으로 이어지기가 어렵다는 것입니다. 몇 가지 급한 운전습관으로 의미가 없는 경우가 대부분이라고 할 수 있습니다. 그래서 더욱 운전습관의 개선방법인 에코드라이브가 중요한 것입니다.

운전습관의 개선을 통한 연료 절감 효과는 주변 환경에 따라서도 다르게 나타납니다. 겨울철 춥거나 눈이 많이 오는 경우에는 워밍업이나 눈길 운전에 따른 운전방법이 다르게 될 수밖에 없습니다. 주변 환경에 안전하면서도 연료를 절약하는 방법을 찾아야 하기 때문입니다. 역시 에코드라이브를 하기 가장 좋은 계절은 봄이나 가을이라고 할 수 있습니다. 우리 사람과 마찬가지로 주변 환경이 좋으면 바깥나들이에 좋은 것과 마찬가지입니다. 기분도 좋고 온도도 적당하여 운동하기에도 좋습니다. 안보다 바깥이 훨씬 건강에도 좋다는 것입니다. 마찬가지로 차량도 같습니다. 외부 온도도 적당하고 습도도 좋으면 연비에도 좋은 영향을 줍니다. 굳이 워밍업도 거의 필요 없고 우선 창문을 열고 시원한 바람을 쏘일 수도 있으며, 실내의 공기 청정도도 좋습니다.

그리고 에어컨을 켜지 않아 당장 10~20% 정도의 연료도 절약됩니다. 아주 큰 이득이라고 할 수 있습니다. 차량의 부품 상태도 원만해 집니다. 여름같이 아주 덥거나 겨울같이 아주 추우면 각종 부품들이 유기적으로 동작하기 어렵고 무리가 가면서 고장을 일으키는 경우가 늘어납니다. 그러나 봄이나 가을철은 적당한 온도와 습도로 부품의 상태도 좋고 운전자가 무리하게 운전을 하지 않는 경우가 늘어납니다. 주변 경관도 좋고 여유가 생긴다는 것입니다. 역시 가을이 가장 좋은 이유는 운전자의 자세일 것입니다. 시원한 공기와 주변 경관, 그리고 무엇보다 여유 있는 운전이 가장 에코드라이브를 하기에 적절하기 때문입니다.

14

가을철 차량관리
에코드라이브에 큰 도움이 된다.

|자 동 차 의 사 계 절|

　　가을철을 좋아하는 사람이 많습니다. 떨어지는 낙엽이나 물감을 뿌려놓은 듯한 경치는 가을만의 특권입니다. 사람도 가을이 되면서 온도가 크게 변하게 되면 몸 건강에 신경을 쓰게 됩니다. 특히 연세가 있으신 분은 더욱 온도에 민감하게 됩니다 건강관리에 신경을 써야 하다는 얘기입니다. 차량도 마찬가지입니다. 우리나라와 같이 사계절이 있는 경우 계절별 온도가 크게 차이가 납니다.

　　이 중에서도 더운 여름에서 가을로 넘어가는 경우 온도가 갑작스럽게 낮아지고 또 가을이 짧은 만큼 겨울로 곧 바로 진행하게 됩니다. 차량에 문제가 발생할 확률이 늘어나게 됩니다. 따뜻한 온도로 원만하게 동작되던 각종 부품의 연결부위가 뻑뻑해지고 굳어지면서 문제가 발생하고 각종 오일은 굳어지면서 정상적인 성능에 문제가 발생할 수 있습니다. 특히 더욱 여름철 휴가 등으로 장거리 운전을 한 경우도 많은데 각종 문제가 온도가 낮아지면서 발생하는 경우가 많습니다. 한번 문제가 발생하면 비용도 상당히 많아지게 되고 이로 인한 스트레스도 만만치 않습니다. 지금껏 아낀 에너지가 에코드라이브를 통한 연료 절약이 한꺼번에 지출된다는 뜻입니다. 더욱이 차량관리가 소홀하면 애써 에코드라이브를 하여도 효과가 크지 못합니다. 차량의 각 부품이 원만치 못하고 동작이 유기적으로 되지 못해 연료 절약에 한계가 있다는 뜻입니다.

예를 들면 엔진오일이나 부동액이 등의 상태가 나쁘면 엔진의 힘 발생이 떨어지고 연료 소모도 커지며, 엔진의 냉각 상태 기능도 떨어져 반복되면 고장의 원인이 됩니다. 별 문제가 없다고 판단되던 소모품이 차량 전체에 큰 문제를 일으키는 것입니다. 특히 가을철은 온도가 낮아져 더욱 이러한 문제가 발생하는 경우가 많습니다. 날씨도 좋은 만큼 자동차 운전자가 관리하기에도 좋을 것입니다. 전체적으로 각종 소모품 확인과 교환, 타이어 관리, 브레이크 관리, 그리고 하체도 보면서 녹슨 부위는 없는지 기타 부품은 문제가 없는지도 확인하는 것이 좋습니다. 동시에 실내외 청소도 하면서 지저분한 것은 깔끔하게 청소하면 더욱 좋습니다. 에코드라이브는 차량관리부터 시작하면 효과는 배가됩니다.

15

겨울철 빙판길에서의
에코드라이브 방법은?

| 자 동 차 의 사 계 절 |

사계절이 뚜렷한 우리나라의 경우 계절별 자동차 관리는 작지 않게 차이가 난다고 할 수 있습니다. 얼마나 잘 관리하느냐에 따라 연비는 물론 내구성도 좌우하는 특징이 바로 계절별 관리입니다. 특히 요즈음 같이 지구 이상 기온으로 비와 눈이 많이 내려 계절별 문제가 심각하게 발생할 경우 차량 관리는 더욱 고민이 될 수밖에 없습니다.

특히 우리가 항상 강조하는 친환경 경제운전인 에코드라이브는 더욱 고민이 되는 사항입니다. 물론 에코드라이브 10계명에 나와 있는 각종 항목이 크게 변하지 않는 경우도 많으나 적용방법이 조금은 다르게 되고 아예 다른 적용방법도 있기도 합니다. 더욱이 겨울철 빙판길이라도 발생하면 에코드라이브에 앞서 우선적으로 안전을 생각하여야 합니다. 혹시라도 접촉사고라도 발생하면 인명 손실은 물론 재산상의 손실이 이만저만 한 것이 아니기 때문에 더욱 조심하여 운전을 하여야 합니다.

특히 요즈음 같이 빙판길이 많아졌을 경우 우선 3급 방지가 가장 중요합니다. 급출발, 급가속, 급정지라는 3급은 가급적 하지 말아야 하고 또 하나 급회전도 피해야 합니다. 이른바 '급'자를 피하는 운전이 가장 필요합니다. 평상시보다 제동거리가 길어지는 특성이 바로 빙판길입니다. 그래서 느리게 여유 있게 운전하고 앞뒤 차의 간격이 길어야 합니다. 곡선 구간의 진입에 앞서 미리 제동을 하고 엔진 브레이크도 활용하여 속도를 늦추어야 합니다. 남이 간 눈길을 따라 이동하고 다리 위나 그늘진 길을 조심하여야 합니다. 전체가 눈이 덮이면 항상 누구나 조심하지만 간혹 얼어있는 빙판 길이 더욱 무섭습니다. 그래서 눈길이나 빙판길에서의 운전은 특별한 에코 드라이브 방법이 있는 것이 아니라 3급 방지에 초점을 두어야 합니다. 물론 적정 타이어 공기압 , 트렁크 비우기 등 기본적인 부분은 항상 만족하여야 효과가 큽니다. 무엇보다 우선은 안전이고 그리고 그 속에 에코드라이브가 있습니다.

16

겨울철 에코드라이브
무엇부터 할까?

|자동차의사계절|

친환경 경제운전인 에코드라이브 방법은 다양하고 적용 효과도 매우 다릅니다. 중요한 것은 자신에게 맞는 운전방법을 찾아서 습관화시키고 이를 효과적으로 운영하여 에너지 절감이라는 시너지 효과를 극대화하는 것입니다. 특히 우리나라와 같이 사계절이 뚜렷하고 온도차이가 확실한 나라의 경우 차량의 관리에 따라 큰 차이가 있다는 것입니다.

우리의 경우 에너지 절약 감각이 아직 약하고 에너지 낭비가 큰 운전습관을 가지고 있어서 더욱 에코드라이브 운동이 필요하다고 할 수 있습니다. 지금과 같이 겨울철인 본격적으로 진행되는 상황에서는 에너지 절약도 중요하지만 무엇보다 안전이라는 전제조건이 만족되면서 에코드라이브 운동을 시행한다면 더욱 알찬 효과가 나올 것입니다.

겨울철에 낭비되는 운전방법에는 우선 히터로 인한 공회전 상태의 지속입니다. 특히 누군가를 기다리는 동안 꼭 시동을 켜서 히터를 가동시키기 때문에 더욱 낭비가 심해집니다. 물론 이산화탄소 같은 배출가스도 증가하여 여러 가지로 문제가 커진다고 할 수 있습니다. 그리고 눈길이나 빙판길로 인한 차량 속도의 저하는 물론 반복적인 제동으로 차량 연료 소모량은 증가하기 마련입니다. 특히 가다 서다를 반복하므로 더욱 연료 낭비는 심해집니다. 또한 아침에 출발할 때부터 차가워진 차량을 시동을 걸자마자 출발부터 하는 경우가 많아 차량에 무리가 많이 가고 에너지 낭비는 물론 차량의 내구성에도 문제가 발생할 수 있습니다.

따라서 겨울철에는 되도록 운행 자제가 필요하고 충분한 관리와 섬세한 운행방법이 필요합니다. 겨울철 잘못 운행을 반복하면 전체적인 수명 단축은 물론 에너지 낭비가 큰 애물단지로 바뀌기도 합니다. 그래서 필요하면 눈길이나 빙판길을 피해 대중교통을 종종 이용하는 방법도 괜찮습니다. 무리하게 운행만 하지 않고 한 템포 느리게 운전하는 방법이 가장 필요한 시기가 바로 겨울철입니다.

17

겨울철 타이어 관리
더욱 중요합니다.

|자 동 차 의 사 계 절|

    겨울철의 느낌 어떻게 보십니까? 겨울눈은 좋아하지만, 급격하게 추워진 날씨는 몸을 움츠려 들게 합니다. 추운 날씨가 반복되면서 사람도 움츠려 들지만 차량도 마찬가지로 움츠려 듭니다. 움직이는 모든 장치 등은 추운 날씨로 원활한 동작에 어려움이 많고 상황에 따라 고장도 유발하게 됩니다. 다른 계절에 비해 신경을 더 쓰고 관리해야 하는 것이 차량입니다. 특히 노후된 차량의 경우 문제가 있던 부위가 추위로 문제가 커지면서 큰 고장을 일으키거나 안전사고를 유발할 수도 있습니다.

    역시 문제는 아주 더운 여름철이나 극히 추운 겨울철입니다. 겨울철에는 차량에 대한 관리는 미리부터 고민을 하고 관리에 들어가야 합니다.

겨울철 가장 중요한 부위는 배터리, 냉각수, 워셔액, 타이어 등입니다. 문제가 발생하면 바로 고장을 일으켜 큰 사고로 이어질 수 있습니다. 물론 워셔액은 여름용의 경우 동작이 안되거나 워셔액통이 터져 불편을 감수하는 정도로 끝날 수가 있으나 다른 부위는 직접적으로 큰 영향을 줍니다. 그리고 이 외에도 엔진오일, 브레이크오일 등 당연히 신경을 써야 합니다. 이 중에서도 타이어에 대한 강조는 아무리 해도 지나치지 않습니다. 친환경 경제운전인 에코드라이브에도 영향을 주지만 안전에 특히 민감합니다. 적절한 타이어 공기압은 물론 마모나 이물질 부착 여부에 따라 직접적인 사고로 이어질 수 있기 때문입니다. 더욱이 겨울철 눈길이나 빙판길에서의 운행은 당연히 사고와 직결됩니다. 경우에 따라 치명적인 영향을 줄 수 있으므로 항상 관리를 생각해야 합니다.

물론 빙판길 등에서 저속으로 운행하고 조심스럽게 하는 것은 당연하나 타이어 자체의 마모가 심한 경우는 더욱 문제가 심각합니다. 근본적인 대처가 되어 있지 않아 사고의 소지를 키운다는 것입니다. 필요에 따라 스노우타이어를 사용하는 것도 매우 괜찮은 방법입니다. 무겁고 연비에 좋지 않아 열심히 하고 있는 에코드라이브에 조금이나마 영향을 줄 수 있으나 항상 언급한 바와 같이 에코드라이브도 안전을 전제로 한 운동인 만큼 전체적인 관리가 더욱 중요하다고 할 수 있습니다. 이렇게 낭비된 에너지는 특히 눈이 많은 날 대중교통을 이용하면 충분히 보상할 수 있습니다. 사실 타이어는 사고와 직결되는 가장 중요한 부품인 만큼 계절에 관계없이 항상 신경을 써야 하는 부품이라고 할 수 있습니다. 우선 타이어입니다.

18
계절별 정확한 워밍업 시간은?
|자동차의사계절|

추운 겨울철이면 아침에 출근하면서 급하게 차량을 몰고 나가는 경우가 대부분이나 상당수의 운전자들이 느끼는 혼돈 사항 중의 하나가 바로 워밍업 시간입니다. 각종 매스컴에서는 최근의 자동차 엔진은 전자제어방식이어서 워밍업 자체가 필요 없다고 언급하고 있습니다. 반면 일각에서는 워밍업은 준비시간인 만큼 엔진의 개량에도 불구하고 필수적으로 필요하다고도 언급하고 있습니다. 물론 이러한 얘기 속에는 최근의 엔진의 개발 속도가 빨라지면서 최고 연비와 최저 배기가스를 내뿜는 엔진이 개발되고 있어서 이에 따른 워밍업이 굳이 필요하지 않다고 얘기하는 것입니다. 상당부분이 맞습니다. 전자제어 엔진은 엔진속의 연료와 공기가 가장 이상적으로 섞여 연소될 수 있게 최적의 상태로 만들어주고 특히 각 분위에 부착되어 있는 센서를 통하여 실시간으로 정보를 입수하여 판단을 내려주는 가능입니다. 그래서 워밍업이 예전의 기계식 엔진하고는 근본적으로 달라 워밍업이 크게 줄어들었다는 것입니다.

그러나 아무리 첨단엔진이 개발되어도 전혀 워밍업이 필요 없는 것은 아닙니다. 일정시간 차량을 시동을 끄고 세워두면 엔진 상부부터 뿌려져 있던 엔진오일 성분이 모두 가라앉아 하단의 오일팬에 모이게 됩니다. 즉 상부 밸브나 피스톤 등 엔진오일이 필요한 부위에 필요한 오일이 부족하다는 뜻입니다. 바로 이 때 시동을 켜는 작업이 바로 펌프를 동작시키면서 엔진오일을 상부부터 뿌려주어 각 부품사이를 매끄럽게 하여주고 윤활과 밀봉, 냉각 등을 해주는 것입니다.

다시 말하면 바로 시동을 켜는 동시에 출발하면 이 엔진오일이 충분히 뿌려 주지 못한 상태에서 각 부품이 동작되면서 무리가 가게 되고 오랜 기간 동안 반복되면서 연비나 내구성 측면에서 악화되게 됩니다. 그렇다고 긴 워밍업 시간은 이러한 동작뿐만 아니라 무리한 연료낭비로 도리어 해를 입히게 됩니다. 가장 적절한 워밍업 시간은 여름철에는 약 1~2분 정도, 겨울철에는 약 2~3분 정도가 가장 적절하다고 할 수 있습니다. 이러한 습관이 반복되면 추후 수년 이 지난 뒤에 내구성이 달라지면서 연비도 차이가 나는 완전히 다른 차량이 탄생되게 됩니다. 길지도 않으면서 에너지를 절약할 수 있는 적절한 워밍업에 대한 기준이 필요한 시점입니다.

19
추운 겨울철 배터리 관리가
중요한 이유

|자동차의사계절|

　　날씨가 추워지면 차량운행에 지장을 주는 경우가 많아집니다. 다른 계절에 비하여 열악한 부분이 많아지고 이에 따른 차량 변화도 많아지기 때문입니다. 그래서 우선적으로 차량 주차장을 신경 써야 합니다. 되도록 실내로 차량을 주차시키는 것이 중요합니다. 아파트의 경우 조금 일찍 퇴근하여 지하주차장으로 들어와야 차량에 무리가 가지 않습니다. 바깥에 두면 추운 날씨로 인하여 차량의 모든 부분이 딱딱해지고 굳어지면서 시동을 걸어도 정상적인 온도에 다다르는데 시간이 걸리고 그 만큼 차량은 연비가 나빠지고 시간을 필요로 하게 됩니다. 어떻게 해서든지 실내로 들어오는 것이 중요합니다. 바깥에 두게 되면 겨울밤 날씨가 더욱 추워지면서 엔진

쪽이 더욱 온도가 내려가서 아침 일찍 온도는 최저가 되어 더욱 차량에 무리가 가게 됩니다.

특히 배터리는 온도 저하에 따라 급격하게 성능이 떨어지면서 잘못하면 시동이 걸리지 않게 되어 매물단지가 되기도 합니다. 아주 춥게 되면 약 30%는 기능이 떨어져 제 기능을 발휘하지 못하게 됩니다. 더욱이 2~3년 된 배터리의 경우 수명이 다되어 더욱 기능은 떨어져 시동이 걸지 못하거나 기능상실로 운행 도중에 문제를 일으키는 경우도 많습니다. 그래서 2~3년 되면 겨울이 되기 전에 배터리를 미리 교환하는 것이 좋다고 할 수 있습니다. 지금이라도 오래되었으면 배터리를 교환하기 바랍니다.

그리고 앞서 언급한 바와 같이 겨울밤 추운 날씨가 반복되면 밖에 주차하였을 경우 못 쓰는 담요 등을 준비하여 엔진룸 위에 담요를 올려놓고 무거운 돌 등으로 고여 놓으면 아침에 큰 도움이 됩니다. 시동성도 좋아지고 문제 발생의 소지를 줄여줍니다. 시동이 걸리지 않으면 여러 원인이 있으나 이중 배터리 부분을 따뜻하게 하면 시동성이 상당히 좋아짐을 알수 있습니다. 자동차 관리상 중요한 요소는 많으나 당장 배터리 하나만 교체하여도 시간 및 비용 등은 물론 연비에도 어느 정도 영향을 주게 됩니다.

하나만 생각하여도 이 정도로 중요한 요소가 됩니다. 친환경 경제운전인 에코드라이브는 운전방법을 개선시키는 것이 주요 포인트지만 차량 소모품 교체 부품 중 배터리 하나만 교체하여도 큰 도움이 되는 것을 잊지 말기 바랍니다.

20

올 겨울에는
어떠한 연료 절약
생각하고 있습니까?

|자 동 차 의 사 계 절|

각 계절마다 온도 변화가 심해지면서 차량 유지 및 관리에 고민이 많아집니다. 온도 영향도 크지만 계절별 차량으로 인하여 어떠한 문제가 발생할지 고민이 되기도 합니다. 겨울철에 사람이 옷을 갈아입고 감기 등에 미리 대비하는 것처럼 차량도 관리를 하지 않으면 당연히 문제 발생 가능성이 커집니다. 기본적인 차량 소모품 및 겨울용으로 대체해야만 문제 발생 가능성을 줄일 수 있습니다.

특히 친환경 경제운전인 에코드라이브를 생각하는 사람들은 당연히 연료 절약에 대한 방법을 생각하게 됩니다. 특히 겨울은 다른 계절에 비하여 어떠한 방법으로 에코드라이브를 하고 연료 절약을 할 것인지 고민하게 됩니다. 당연히 계절별 연료 절약 비용도 다르게 됩니다. 겨울은 분명히 다른 계절에 비하여 연료비 절약에 고민을 하여야 하는 요소가 많습니다. 여름철 에어컨 사용을 하지 않지만 겨울에는 히터 사용량이 많아집니다. 물론 히터 사용은 에어컨에 비하여 블로워 모터만 가동되므로 연료비가 많이 절약됩니다. 그러나 온도가 낮아져 아침 워밍업이 많아지고 추운 날씨로 차 안에서 대기하는 동안 공회전 시간이 많이 늘어납니다. 그리고 눈이 많이 내리기라도 하면 운행 중 변속기 낮은 단수가 늘어나면서 그 만큼 연료 낭비가 커집니다. 주의 하여야 할 길거리 사정이 많아진다고 할 수 있습니다. 더욱이 추운날씨로 미리부터 차량 관리를 하여야 하므로 이 또한 관리 비용의 증가를 가져옵니다.

　　이러한 전반적인 비용을 생각하면 전체적인 에코드라이브 효과는 다른 계절에 비하여 나을 것이 없습니다. 역시 가장 중요한 부분은 운전자가 에너지를 절약하고자 하는 의지가 얼마나 크고 실제로 이행하는 가입니다. 에코드라이브 실천 강령 10가지를 생각하면서 의지를 다시 한번 다지기 바랍니다.

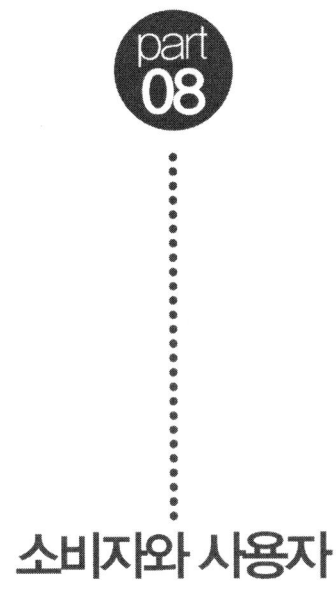

part
08

소비자와 사용자

DRIVE

01

본인이 가지고 있는 차량의 정확한 연비를 알고 있는지요?

|소 비 자 와 사 용 자|

이제 차량이 없으면 어느 누구도 자유스럽지 못할 정도로 생활필수품 이상이 되고 있습니다. 그러나 생각 외로 자신의 차량에 대한 모든 것을 알고 있는 사람은 드뭅니다. 그냥 운전만 하는 사람도 상당수입니다. 이러니 차량에 대한 기본 상식도 부족하고 고장빈도도 많고 내구성도 줄어들게 됩니다. 무엇보다도 위험한 상황에서 응급조치를 못하고 더 큰 사고로 커질 수 있다는 것입니다. 당연히 요즈음 같이 고유가 시대에 에코드라이브를 통한 연료 절약은 생각을 하지 못하는 경우도 비일비재합니다.

이 중 가장 중요한 연비는 다른 어떠한 요소보다 중요할 것입니다. 연비 자체가 유지비 중 기름값을 차지하는 부분이기 때문이죠. 일반적으로 공인연비보다 실제연비는 70% 수준에 머물고 있습니다. 예를 들면 리터당 10Km를 주행하면 실제로는 약 7Km에 불과하다는 것입니다. 그러나 본인이 직접 재보면 이와는 또 다르게 됩니다. 60% 수준에 머물러 생각 외로 기름값이 크게 들어가는 경우도 많습니다. 2012년 부터는 새로운 공인 연비 측정없이 채택되면서 실제 연비의 90%까지 가까워 졌습니다. 특히 본인이 운행하는 도로가 주로 도심지이거나 가다 서다를 반복하는 구간의 경우 생각 이상으로 연비가 나쁜 경우도 많습니다. 그래서 연료를 절약하고자 하는 의지가 조금이라도 있으면 우선 본인 차량의 연비를 정확하게 잴 수 있어야 합니다.

가장 좋은 방법은 역시 주유량으로 재보는 것입니다. 사용한 연료를 확인하고 다시 주유하여 비교하는 것이죠. 몇 번 해보면 비교적 정확하게 자기 차량의 연비를 계산할 수 있습니다. 그리고 이를 기초로 에코드라이브를 하면서 다시 연비를 확인하는 것입니다. 매달 절약하는 비용은 처음에는 적지만 커가는 절약 비용을 보면 은근히 재미있고 할 수 있다는 자신감이 생깁니다. 그리고 나중에 자신도 모르게 전문적인 베스트 에코드라이버가 될 수 있습니다. 한번 해보기 바랍니다.

02

아직도
차량관리하고 있지 않습니까?

|소 비 자 와 사 용 자|

  국내 차량 등록대수가 1,860만대를 넘어가고 있습니다. 머지않아 2,000만대 시대가 올 것입니다. 대부분의 성인이 운전면허증을 보유하고 있고 가구당 보유차량도 2대를 향해 가고 있습니다. 그러나 이에 반하여 차량에 대해서는 그렇게 높은 지식을 가지고 있지 못합니다. 그냥 운전만 하는 경우도 많습니다. 차량 자체의 기능이나 관리 지식을 전혀 모르는 경우가 많다는 것입니다.

  자동차는 과학의 총아인 만큼 전문 지식을 보유하기가 쉽지 않습니다. 그래서 일반 운전자들이 이러한 높은 지식을 보유할 필요는 없습니다. 그러나 차량을 운행하면서 안전에 영향을 주거나 위험을 초래할 수 있는 경우 관련 지식은 매우 중요한 역할을 합니다. 그래서 기본적인 상식 정도는 보유하였으면 합니다. 자신의 차량에 대한 기능 정도는 알고, 최소한 엔진 보닛을 열고 냉각수와 엔진오일 등은 물론이고 워셔액 보충이나 각종 상태를 보는 정도는 알았으면 합니다. 어렵지도 않습니다. 기계치라 하여도 조금만 노력하면 이해가 쉽게 됩니다.

그리고 타이어 공기압 보는 방법, 평상시와 달리 이상이 있는 지도 알아보는 방법 등은 생명과 직결될 수 있습니다. 분명히 자동차는 문명의 이기이지만 사용을 잘못하면 애물단지를 넘어 흉기가 될 수 있습니다. 여기에 항상 언급하는 친환경 경제운전인 에코드라이브까지 하면 금상첨화입니다. 그리고 충분히 10년은 사용하여도 새 차처럼 사용할 수 있습니다. 역시 성의와 할 수 있다는 자신감이 중요합니다. 지금까지 그냥 무료하게 운행만 하였다면 올해 목표를 자신의 차량에 대하여 기본 지식을 습득하는 해로 삼는 것도 괜찮을 것입니다. 우선 행동에 옮기는 것이 필요합니다. 시작하시기 바랍니다.

03

에너지를 절약하겠다는
의지만 있어도 효과는 크다

|소비자와사용자|

　　친환경 경제운전인 에코드라이브의 효과는 운전자의 하고자 하는
의지가 가장 중요합니다. 항상 언급하지만 아무리 좋은 방법과 효과를 언
급하여도 운전자 자신이 열심히 동참하여 운전방법을 개선시키지 않는다
면 의미가 없기 때문입니다. 효과가 좋은 장치나 하드웨어적으로 사용하는
액티브 에코시스템도 운전석에 장착된 스위치를 오프시켜 놓으면 사용할
수 없고 당연히 효과도 없게 됩니다. 모든 것이 운전자의 의지인 것입니다.
　　물론 이산화탄소 배출이 많은 차량에 탄소세를 부과하여 구입 때부
터 할증과 할인을 하여 준다면 효과는 경소형차로 몰릴 수밖에 없을 것입
니다. 프랑스 등 유럽이 이러한 특징을 가지고 있습니다. 그러나 어떠한 배

기량을 가지고 운행하더라도 운전자가 에코드라이브를 하고자 하는 의지가 크다면 연료는 충분히 절약할 수 있습니다. 에코드라이브 효과가 가장 크다는 일본의 경우도 결국은 일반 운전자에게 얼마나 열심히 동참시켜 운전방법을 개선시키는가가 관건입니다. 그리고 그 비율을 증가시키고자 각종 인센티브제를 만들어 시행하는 것입니다. 일종의 유혹 프로그램인 것입니다.

우리는 아직 이러한 인센티브도 없고 체계적인 홍보나 캠페인 활동도 부족합니다. 얼마 전에야 정부에서 운영하는 에코드라이브 포탈사이트가 처음 오픈하였습니다. 그러나 아직 국민들은 잘 모르고 있고 그 필요성도 부족한 실정입니다. 국민에게는 반복하여 홍보를 하여야 합니다. 에너지를 절약하여 매달 매년 상당한 양의 연료가 자신에게 절약되는 것을 느끼고 필요성도 크다는 것을 인식하는 것입니다.

큰 차 중심의 문화도 바뀌어야 하고 정책적으로 나쁜 인식을 줄 수 있는 방향도 개선시켜야 합니다. 아직 우리는 구시대적이고 문제가 많은 법적인 부분이 많습니다. 당연히 정부도 의지를 다지고 더욱 노력하여야 하고 국민도 하고자 하는 의지를 다져야 합니다. 그리고 모든 결과는 공유할 수 있습니다.

04

연료 절약,
최고의 적은 급하고 거친 운전

|소비자와사용자|

　　최근 고유가에 따른 에너지 절약방법에 대한 관심이 높아지고 있습니다. 차량에서 소모되는 연료비가 가장 부담이 되는 만큼 운행상의 연료 절약이 가장 중요하다고 할 수 있습니다. 다시 말하면 친환경 경제운전인 에코드라이브입니다 에코드라이브는 운전방법을 개선하여 에너지를 절약하는 방법입니다. 항상 언급하는 에코드라이브 실천 강령을 비롯하여 다양한 방법이 이미 소개되어 있습니다.

　　그리고 이중에서 자신에게 맞는 운전방법을 찾아 시행하면 효과는 바로 볼 수 있습니다. 이러한 수십 가지 방법을 요약하면 한 템포 느린 운전을 말합니다. 조금만 느리게 운전하고 한 박자 느리게 시작하면 에너지 절약은 물론 교통사고도 상당히 예방할 수 있습니다. 심지어 차량의 내구성까지 좌우되어 중고차 값에 영향을 줄 수 있습니다. 조금만 노력하면 한두 가지 장점이 아닙니다. 그러나 우리나라 운전자들은 가장 큰 문제가 있습니다. 물론 바람몰이를 하면 열심히 하고 단합된 힘도 보여줍니다. 그러나 운전 중 급하고 거친 운전이 가장 큰 문제입니다. 평상 시 여유 있는 생각을 하면서도 막상 운전을 하면 급한 성격으로 바뀝니다.

주변 교통에 문제라고 발생하면 다시 급한 성격이 나오면서 여유라는 단어는 사라집니다. 이러니 열심히 하여 그 동안 아낀 연료가 한순간에 사라질 정도로 연료낭비가 심해집니다. 그래서 현재 진행되고 있는 에코드라이브 운동도 한 템포 느린 운전에 초점을 맞추어야 합니다. 그 동안 관행적으로 운전하던 급하고 거친 운전을 여유 있고 느리게 운전하도록 지속적인 홍보와 캠페인 활동이 중요합니다.

알다시피 급한 운전으로 목적지까지 더 빠르게 도착하는 것은 아닙니다. 마음만 앞서게 된다는 것입니다. 전 국민이 동참하는 그 날까지 열심히 하여야 하겠지만 우선 자신부터 여유를 갖는 것은 어떨까요?

05

본인만의
절약 아이디어를 모아라!

|소비자와사용자|

따뜻한 봄이 되면 차량에 대한 관리와 운전방법에 대한 관심이 높아지게 됩니다. 당연히 추운 겨울을 지나면 움츠리던 몸도 기지개를 펴면서 활동적으로 변하듯이 차량도 마찬가지입니다. 더욱이 최근 유가 상승이 계속 진행되면서 더욱 친환경 경제운전인 에코드라이브도 어느 때보다 좋아지고 있습니다. 역시 유가상승으로 인한 가계 부담이 커진 탓입니다.

각종 매스컴이나 인터넷 등에서 각종 연료 절약방법이 쏟아져 나오고 있지만 무엇보다 본인에게 맞는 방법인지가 중요합니다. 아무리 좋은 방법이라고 하여도 자신의 평소 운전방법과 매우 다른 특성이 있으면 아무리 들어도 와닿지 않습니다. 그래서 본인의 운전습관과 공감대 형성이 중요합니다.

평상 시 차량관리는 자주 하는 사람은 정기적으로 단골 정비업소에 들려 차량을 손을 보는 경우가 좋다는 것입니다. 이러한 행위는 무리가 안 가고 거부감도 없어서 효과도 커질 수 있습니다. 만족도도 극히 높은 편입니다. 아예 처음부터 한 템포 느린 운전에 자신이 있으면 효과는 확실합니다. 정지 상태에서 출발 시 한 템포 느리게 운전하여 무리를 하지 않는 것입니다. 급브레이크도 사양하고 서서히 하면서 여유를 찾는 것입니다.

아침에 출근 시에 타이어를 보는 습관은 에너지 절약뿐만 아니라 안전에도 큰 영향을 줍니다. 가장 좋은 습관 중의 첫 번째 해당되는 항목이라고 할 수 있습니다. 공회전 방지도 중요합니다. 아예 공회전 제한장치인 ISG를 장착하거나 시동을 꺼놓는 것입니다. 요즈음은 봄철이어서 히터나 에어컨을 사용하지 않아도 되는 계절입니다. 이에 따른 효과도 크고 자신을 갖게 할 수 있습니다. 20여 가지의 절약 아이디어 중 몇 가지 만이라도 시도해보고 자신의 것으로 만들어놓으면 가장 효과도 크고 가계비 절약방법으로 자리매김할 것입니다.

오늘부터 자신만의 에코드라이브 실천 강령을 만들어보세요.

06

아직도
유사연료 사용하시는지요?

|소 비 자 와 사 용 자|

차량의 유지비를 줄이는 방법은 많습니다. 유가가 올라가고 경기는
점차 어려워지고 있는 느낌이 많아지는 시기입니다. 가계비에서 차지하는
차량 유지비는 적지가 않습니다. 이중에서도 유류비는 가장 많은 부담을
느끼기 일쑤입니다. 유류비를 줄이는 방법도 하기 나름입니다. 가장 범용
화되고 있는 친환경 경제운전인 에코드라이브가 가장 효과가 크고 그 밖에
대중차 이용하기 등도 좋은 방법입니다.

역시 근본적으로 유류비가 저가인 주유소를 찾는 방법도 좋습니다.
집이나 직장 가까이에서 가장 유가가 저렴한 주유소를 찾아 수시로 주유하
는 것입니다. 가득 주유하지 말고 약 반 정도만 주유하면 무게가 가벼워 차
량연비에도 좋고 에너지 절약이 대한 마음을 다시 잡을 수 있습니다. 이러

한 저렴한 주유소는 인터넷을 통하여 공개된 자료를 이용하면 찾을 수 있습니다. 그러나 너무 다른 주유소에 비하여 저렴한 주유소는 무언가 찜찜한 생각이 듭니다. 최소한 공급 가격이 있는데 너무 저렴한 것은 이상하기 때문입니다.

최근 유사 연료를 판매하다가 적발된 주유소가 많습니다. 심지어 몇 번은 폭발까지 하여 심각한 충격을 주기도 했습니다. 정부도 대대적인 단속에 나섰습니다. 사회에 심각한 영향을 주는 만큼 그냥 놔두어서는 심각한 부정적 인식을 줄 수 있기 때문입니다. 제도적 부분도 강화하여 다시는 같은 유사연료를 판매하지 못하게 만들고 있습니다. 생각 외로 한번 이상 유사연료를 판매했던 주유소가 많기 때문입니다. 일반인은 걱정입니다. 어느 주유소가 예전에 유사연료를 판매하였는지 모르기 때문입니다.

정부는 한번이라도 유사연료를 판매한 주유소를 적극적으로 공개하여 일반인들의 정보 파악에 도움을 주어야 합니다. 유사연료를 사용하면 엔진 등 각종 부속품의 고장을 유발하고 연비도 문제가 발생하여, 당연히 배기가스도 증가하여 환경에 악영향을 끼칩니다. 경우에 따라 운행 중 시동이 꺼지는 것은 기본이고 사고를 유발할 수 있으며, 폭발할 수도 있습니다. 차량 내구성을 떨어뜨리고 연비는 당연히 문제가 되어 아무리 에코드라이브를 하여도 도움이 되지 않습니다. 유사연료 판매도 하지 말고 사용도 하지 말아야 합니다.

07

주유에 대한
제대로 된 정보를 찾자.

|소 비 자 와 사 용 자|

　　친환경 경제운전인 에코드라이브 방법은 다양합니다. 자신의 차량과 자신의 운전습관에 맞는 방법을 찾는다면 가장 효과적인 연료 절약이 가능하게 됩니다. 다양한 방법이 제시되고 있고 그 많은 정보 중에서 정확한 정보를 찾는 것은 쉬운 일은 아닙니다. 적용해보고 맞는지도 확인하여야 하고 효과를 보고 최종적으로 적용하면 됩니다. 그러나 모든 사람에 적용할 수 있는 가장 좋은 방법이 있습니다. 바로 주유하는 방법입니다.

　　유가가 고가이다 보니 낮은 유류 주입은 당장 효과로 나타납니다. 물론 그 방법은 다양하게 있습니다. 가장 강조할 사항은 절대로 유사 연료나 첨가제를 사용하면 안 된다는 것입니다. 엔진을 버리고 내구성도 떨어지며, 고장을 유발시킵니다. 화재 등으로 당장 큰 문제가 발생할 수도 있습니다. 정상적인 유류의 경우도 너무 저가이면 의심을 하는 것도 좋습니다. 공급하는 비용이 있는데 마냥 낮추는 것은 불가능하기 때문입니다.

각종 주유소 정보에서 혹시라도 유사 연료를 판매한 경우가 있는지 확인하여야 합니다. 집에서 직장사이에 가장 저렴한 주유소를 찾아야 합니다. 아무리 저렴한 주유소가 있어도 이 움직이는 동선에서 거리가 멀면 효과가 떨어질 수밖에 없습니다. 적당한 거리에 있어야 하며, 각종 서비스가 있으면 금상첨화입니다. 카드 서비스도 있어야 하고 포인트 제도가 있으면 나중 덤으로 받을 수도 있습니다. 이중 삼중의 서비스가 있으면 혜택은 커질 것입니다.

혹시나 여름에 아침 일찍이 주유하면 다 많은 연료를 주입할 수 있다는 정보도 있는데 실제로는 효과가 거의 없다는 것입니다. 온도가 낮으면 그 만큼 연료의 양이 많아지는데 주유가를 거치면서 온도가 올라가므로 실제로 주유량이 증가하지 않는다는 것입니다.

그리고 매주 주유하는 연료량을 기록하면 효과적으로 연료 관리가 됩니다. 항상 생각하므로 연료를 아낄 수 있고 절약하는데 만전을 기할 수 있습니다. 전체적인 차계부를 작성하기 바랍니다. 자신을 갖는 것이 중요하고 부지런하여야 합니다. 올해부터 시작하기 바랍니다. 효과는 나타날 것입니다.

08

어떤 연료가
가장 경제적일까요?

|소 비 자 와 사 용 자|

최근의 관심사는 역시 가계비 절약입니다. 이 중에서 차량에서 차지하는 비용이 적지 않다보니 이 비용을 아끼기 위한 노력도 가일층 커지고 있습니다. 가계비 중 차량 유지비에 소모되는 비용은 20~30%에 달합니다. 특히 유류비 절감은 직접 영향을 주는 요소입니다. 당연히 운전방법을 개선하는 에코드라이브는 누구나 시도하고 효과를 보아야 하는 가장 좋은 방법입니다.

그 외에도 다양한 방법이 있을 것입니다. 연료 주유방법을 효율적으로 하는 방법도 있고 아예 고연비 차량을 구입하여 시너지 효과를 배가시키는 방법도 있습니다. 그러나 당장 고연비 차량을 구입하기 위해서는 목돈이 필요한 만큼 쉽게 시도할 수는 없습니다. 그 밖에도 정기적인 차량관리를 하면서 차계부 작성을 통하여 줄일 수 있는 요소는 줄이는 방법도 좋습니다.

또 하나의 관심사는 유가입니다. 유가가 올라갈수록 바로 영향을 받는 만큼 유가를 낮추기 위한 노력을 정부 차원에서 게을리 하면 일선에 영향을 받는 만큼 더욱 심혈을 기울이고 있습니다. 우리가 사용하는 연료는 가솔린, 디젤, LPG, CNG 등이 있습니다. 물론 바이오디젤, 전기에너지 등도 있으나 아직은 극히 미미한 편입니다. 각 연료마다 특징을 살펴볼 필요가 있습니다. 자신이 운영하는 차량이 어떤 동선을 갖고 있는 지도 중요합니다. 주로 단거리 운행이고 도심지 운행이 많을 경우 가솔린이 가장 고가지만 괜찮습니다. 가장 시스템적으로 안정되어 있고 고장수리 등 여러 측면에서 가장 편하기 때문입니다. 연식이 오래되면서 환경적 영향도 적게 받는 만큼 가장 편하게 이용할 수 있습니다.

디젤은 역시 경제성입니다. 최근 디젤승용차가 활성화될 만큼 매연, 소음, 진동 등 모든 것이 개선되었습니다. 이른바 클린디젤시스템입니다. 가솔린차량에 비하여 약 20% 이상 연비가 높고 유가도 약 5% 이상 저렴한 만큼 장거리 운행 시 큰 장점이 있습니다. LPG의 장점은 역시 유가입니다. 가솔린 대비 약 55%의 비용은 저연비를 고려하여도 가솔린 대비 70% 수준입니다. 현재로서는 가장 경제적이죠.

또한 CNG개조 차량이 늘고 있는데 아직은 미미하고 안전도 등 여러 거지 고민하여야 할 사항이 많습니다. 제일 중요한 것은 현재 가지고 있는 차량을 중심으로 어떻게 운영할 것인가 입니다. 주어진 조건을 가장 활성화시키고 연료 변경은 추후 철저히 고민하는 것도 좋습니다.

09

차계부 작성하세요.

|소비자와사용자|

　　자동차 지출에 대한 각종 기록을 위한 차계부의 작성은 그리 쉬운 일은 아닙니다. 차계부를 작성하면 차량에 관한 모든 사항을 기록할 수 있어 체계적으로 차량 관리가 가능합니다. 차량에 대한 유류비는 물론 정비 비용에 대한 기록, 차량 문제에 대한 조치 등 모든 차량 관리 내용입니다.

　　특히 차계부가 중요한 이유는 최근 가장 중요해지고 있는 연료비에 대한 관리가 가능하다는 것입니다. 최근 유가가 더욱 높아지면서 친환경 경제운전인 에코드라이브의 필요성이 커지고 있습니다. 에코드라이브는 개인의 운전방법을 개선시켜 에너지를 절약하는 대표적인 운동입니다. 이러한 에코드라이브를 대표하는 에코드라이브 실천 강령 10가지는 가장 대표적인 방법이나 차계부 작성은 포함되지 않았습니다. 그렇다고 차계부 작성이 에코드라이브에 도움이 되지 않는 것은 아닙니다. 도리어 에코드라이브에 의한 각종 방법을 전체적으로 정리하고 그 효과를 입증하는데 차계부는 큰 도움이 됩니다. 대체적으로 차계부 작성에는 대부분이 부담을 느끼는 경우가 많습니다. 차계부라는 어떤 틀에 맞추어 정기적으로 기록한다는 사실은 부담을 느끼게 하기에 충분합니다.

예를 들면 매일 일기를 쓰는 사람도 있지만 쓰지 않는 사람이 갑작스럽게 일기를 쓴다는 것은 극히 큰 부담이 아닐 수 없습니다. 마찬가지로 차계부도 부담을 갖게 됩니다. 그러나 차계부는 어떤 틀이 있는 것이 아닙니다. 일정한 틀을 갖춘 책자에 기록하여도 되나 그냥 수첩에 한두줄 써도 괜찮습니다. 아니면 요사이 같이 컴퓨터에 기록하여도 되고 스마트폰을 이용하여 기록해도 좋습니다.

최근 차량용 네비게이션의 일부 가능 중인 차계부 작성을 해도 좋습니다. 그냥 기억날 때 기록하면 되는 것입니다. 특히 차계부 작성 중 연비에 대한 기록을 습관화시키면 좋은 효과가 있습니다. 이전의 일반적인 연비를 기록하고 에코드라이브 후에 기록을 하여 두 가지를 비교하면 자신의 노력이 얼마나 효과가 있고 무엇을 바꾸어야 하는 지 확인할 수 있습니다. 오늘부터 차계부 작성 시작하시는 것 어떻습니까?

10

차량 몇 년간 사용하십니까?

|소비자와사용자|

올해 등록차량 보유대수가 1,860만대가 넘어서면서 본격적인 2천만 대 시대가 가까이오고 있습니다. 정부에서도 이에 대한 뒷받침으로 자동차 제도에 대한 전반적인 개편을 서두르고 있습니다. 이제 본격적인 1가구 2차량 시대가 오고 있는 것입니다. 이제 소비자가 차량을 고르는 방법부터 조건, 시기 등이 까다로워지고 다변화되고 있습니다. 이에 따라 메이커들도 베스트셀러 모델보다는 다품종을 통하여 다양한 요구에 대한 소비자의 취향을 고려하고 다품종 전략으로 전환하고 있습니다.

특히 소비자의 차량 보유기간이 다양하게 나타나고 있습니다. 작년 기준으로 약 30% 정도가 10년 이상된 차량을 보유하고 있는 것으로 나타

낮으나 점차 기간이 짧아지고 있습니다. 그렇다고 내구성에 문제가 있는 것이 아니라 보유기간 동안 소유자가 견디지 못하고 교체하기 때문입니다. 최근 쏟아지는 신차의 종류는 다양하고 가격과 기능, 차종 자체도 많습니다. 특히 신기술과 각종 새로운 편의 및 안전장치는 소비자를 지속적으로 유혹하고 있습니다. 견디지 못하고 바꾸는 것입니다. 어떤 사람은 3년마다 무상 애프터서비스 기간이 끝나면 바꾸는 사람도 있습니다. 그러나 대부분은 6~7년 정도를 사용하고 있는 경우가 많습니다. 이 기간 정도면 충분히 차량이 견디는데 무리가 없으나 이 기간 이전에 한번은 크게 정비비용과 관리비용이 나가게 되는 경우가 발생합니다.

그러나 한번이 아니라 여러 번하게 되면 차량을 계속 유지하여야 할지 아니면 교체하는 것이 나은 지 고민하게 됩니다. 아니면 1~2년된 길들이기가 잘 된 중고차를 구입하여 무상 애프터서비스도 유지하고 값도 저렴한 상태로 구입하기도 합니다. 역시 가장 중요한 것은 타이밍입니다. 최근과 같이 유가가 급등하는 상태에서 에코드라이브를 통한 에너지 절약은 당연히 중요하나 차량 교체로 목돈이 나가는 만큼 최적의 타이밍을 찾아서 교체하는 것이 바람직합니다.

차량의 상태, 관리 및 유지비용, 중고차값, 모아둔 비용 등 다양한 조건을 찾아 신차 교체의 최적의 타이밍을 찾기 바랍니다.

11

새로운 친환경차에 걸맞는
운전방법 바꾸기

|소 비 자 와 사 용 자|

　　최근 쏟아지는 신차는 한두 가지가 아니어서 소비자는 혼동을 일으
키기 일쑤입니다. 특히 최근의 신차는 새로운 기능과 장치로 무장되어 소
비자를 현혹하고 있습니다. 이 기능들 중에는 고연비와 친환경 요소가 특
히 강합니다 장치들도 고연비에 초점이 맞추어져 있는 경우가 많습니다.
　　신차를 구입하면 운전자는 우선 새로운 기능을 익히는데 최선을 다
합니다. 매뉴얼을 보면서 새 기능들을 어떻게 동작시키고 어느 정도의 효
과가 있는지 확인하고자 합니다. 그리고 신차를 구입한 것을 매우 다행으
로 생각합니다. 연비 효과를 누리기 시작합니다. 길들이기를 잘 하면 효과
는 배가되기도 합니다. 장치의 숙달도 더욱 좋은 효과가 내게 만듭니다. 문

제는 운전자의 운전습관입니다. 항상 같은 운전방법으로 개선하고자 하는 의지가 아예 없거나 신경을 쓰지 않는 경우가 대부분이기 때문입니다. 한 마디로 신차에 장착된 친환경 장치의 기능과 이를 사용하는 운전자의 운전 습관이 부조화를 이룬다는 것이죠. 즉 운전자가 자신의 운전습관을 조금이나마 노력하여 에너지 절약에 기여한다면 더욱 효과는 배가된다는 것입니다. 차량과 운전자가 조화를 이루면 우리가 항상 신경을 쓰는 연료는 최대한 절약할 수 있습니다. 가장 대표적인 친환경 경제운전인 에코드라이브라고 할 수 있습니다. 트렁크 비우기는 차량의 필요 없는 무게를 줄여 기동성과 연비를 높여주어 가장 효율적인 움직임을 보장합니다. 적절한 타이어 공기압은 자신에게 맞는 운동화는 신겨주는 효과와 같습니다.

공회전 제한과 주정차 시 시동끄기는 무리를 하지 않고 차량을 쉬게 만듭니다. 우리가 잠자는 것과 동일합니다. 쉬게 만들어주는 것과 같습니다. 신차 길들이기와 함께 에코드라이브의 적용은 차량의 상태를 최적으로 만들어 내구성을 높일 수 있습니다. 무리한 운전방법은 신차의 상태를 무리하게 하여 전체적인 연비 하락은 물론 수명을 단축시켜 중고차 가격까지도 하락시킵니다. 신차와 자신을 하나로 할 수 있는 조화로운 방법을 찾아 최고의 에코드라이버, 베스트 에코드라이버가 되기 바랍니다.

12

트렁크라도 비우면
연비 개선에 도움이 됩니다.

|소비자와사용자|

최근 고유가로 서민들의 고민이 이만저만이 아닙니다. 되도록 이면 가계비를 줄이고자 노력을 하는데 고유가로 차량 유지비가 많이 들기 때문이죠. 물론 친환경 경제운전인 에코드라이브는 당연히 실천해야 할 과제입니다. 항상 신경을 쓰고 운전을 하다가 급하게 되면 본래의 운전방법이 나오는 경우가 많습니다.

그러나 계속 노력해서 운전방법을 개선시키고자 하는 노력이 중요합니다. 물론 사람에 따라 연비 걱정 없이 편하게 여유 있는 사람도 있으나 대부분의 사람은 그렇치 못합니다. 그리고 국가적인 차원에서도 대부분 해외에 에너지를 의존하여 절약하여 줄여야 하는 의무가 있습니다. 국민 한명 한명이 아낀다면 전체적으로 줄어드는 에너지를 엄청나다고 할 수 있습니다. 서구 선진국을 보면 이러한 몸에 밴 에너지 절약을 볼 수 있습니다. 못사는 국민이 아니면서도 에너지 절약을 하고 필요할 때 돈을 쓰는 절제된 모습을 볼 수 있습니다.

특히 우리나라 사람들은 에너지 낭비가 클 정도로 급하고 거친 운전을 많이 합니다. 당연히 에너지 낭비가 클 수밖에 없습니다. 한 번에 여러 가지 에코드라이브를 하기 보다는 한번에 한 가지씩 해보는 것입니다. 귀찮다면 한 가지만 해도 됩니다. 바로 트렁크 비우기입니다.

지난 겨울철 사용하던 각종 용품 등이 아직 트렁크에 가득 있는 경우가 많이 있습니다. 어떤 사람은 굳이 신경쓰기보다는 여름, 가을을 지나면 바로 겨울이어 사용할텐데 굳이 지금 뺄 필요가 없다고도 합니다. 그리고 정리하더라도 각종 용품을 보관할 장소가 마땅치 않다고도 합니다. 이해할 수는 있으나 습관이 중요하고 바로 트렁크라는 장소는 에너지를 낭비하는 장소이기 때문입니다.

특히 골프를 좋아하는 사람들이 늘어났는데 필드에 수주에 한번 정도씩 가면서 트렁크에 항상 장비를 싣고 다는 사람도 많습니다. 모두가 낭비입니다. 차량도 무리가 가게 마련입니다. 가벼운 체질을 유지하여야 하는데 항상 무거우니 차량도 무리를 하게 됩니다. 사람하고 항상 같다고 생각하면 좋습니다. 습관이 중요합니다.

13

꼭 자동차 사용설명서 읽으세요.

|소비자와사용자|

신차를 구입하면 항상 따라오는 옵션 중에 자동차 사용설명서가 있습니다. 일반적으로 구입하는 가전제품에 딸려오는 설명서와 동일하다고 보면 됩니다. 가전제품 설명서의 경우 완전히 새로운 것은 설명서를 읽는 사람이 많은 반면 자동차의 설명서를 읽는 사람은 드물다는 것입니다. 일종의 자신감의 표현일 수도 있습니다. 그러나 차량은 그 나름대로 고유의 색깔이 있습니다. 그 색깔을 이 설명서에 단편적이나마 표현하고 있습니다. 그래서 중요한 것입니다.

특히 다양해지고 있는 각종 안전장치와 편의장치는 물론이고 문제가 발생할 경우 응급조치 및 대처방법도 기록되어 있습니다. 이러한 부분은 상당히 중요합니다. 한번 잘못된 조치로 자동차의 내구성이 확 준다든지 안전에도 큰 영향을 주어 매우 위험해질 수도 있습니다. 그래서 신차 구입 후 사용설명서를 우선 읽는 습관이 중요한 것입니다. 필자의 경우도 자동차 전문가라고 하지만 우선적으로 사용설명서부터 읽습니다. 저도 모르는 내용이 아 설명서에는 많이 나와 있기 때문입니다.

요즈음 많이 탑재되어 있는 각종 안전장치 중 중요한 부분도 많이 나와 있습니다. 이 가능은 위기 상황 때 순간적으로 응급조치를 취할 수 있는 기능입니다. 차량의 펑크 수리기구나 비상 삼각대의 위치는 물론 응급시 전화번호는 물론 정비센터로의 연결 방법 등 매우 다양한 정보입니다.

지금까지 신경 쓰지 않고 차량 어딘 가에 놓여있을 사용설명서를 오늘 꺼내들고 전체를 한번 읽어보기 바랍니다. 자신의 차량에 대한 새로운 눈을 뜰 수 있는 좋은 기회가 되리라 봅니다. 이것이 바로 에코드라이브의 첫 단추입니다. 내차를 알고 타면 당연히 최고의 성능을 발휘할 수 있습니다. 그리고 안전은 보장됩니다.

14
다음 번 차량은 소형차로
교체할 의향은 있는지...

|소비자와사용자|

우리나라 사람치고 새로운 차량으로 교체할 때 보유한 차량보다 작은 차로 교체하는 사람을 보기가 힘듭니다. 최소한 소형차로 교체하더라도 명차라고 듣는 차인 경우가 많습니다. 일생동안 약 4~5번의 차량 교체가 있다보니 교체 수년 전부터 고민을 하기 시작합니다 각종 전시회는 물론 신차 발표회 등 자동차 관련 행사에 쫓아다니기도 하고 재정 확보에 여념이 없습니다. 사실 신차를 구입하려고 하면 수천만 원의 비용이 드는 경우가 많아 한 가정에서는 고민이 될 수밖에 없습니다. 부동산 다음으로 목돈이다 보니 당연할 것입니다.

문제는 큰 차로 바꾼다는 것입니다. 우리나라는 차량 자체를 사회적

신분을 높이고 더욱 안전하다고 생각하고 있습니다. 최근 이러한 생각은 많이 실용적으로 바뀌고 있지만 아직도 이러한 구태한 생각을 많이 가지고 있습니다. 이러한 생각은 앞으로 많이 빠르게 바뀔 것입니다.

선진형으로 바뀌면서 실용적인 부분이 편하고 큰 차가 불편한 세상이 오기 때문입니다. 더욱 많은 세금과 유지 관리 비용은 물론 주차도 불편한 세상이 오고 있습니다. 심지어는 머지 않아 탄소세가 도입되면서 더욱 부담은 커질 것입니다. 최근 메이커들도 경소형차에 각종 편의와 안전장치를 보강하고 더욱 고급스럽게 만들고 있습니다. 물론 이러한 현상은 경소형차의 본래의 의미와는 동떨어진 현상이나 확대만 된다면 매우 좋다고 판단됩니다.

우리는 아직 경차가 전체의 8% 수준에 머물러 있습니다. 유럽은 약 50%, 이웃 일본만 하더라도 약 37%가 훨씬 넘습니다. 그래서 정부는 경차의 혜택을 더욱 늘려 획기적으로 보유대수를 늘릴 생각을 가지고 있습니다. 정부 차원에서 경소형차가 늘면 계산하기 힘든 에너지 절약이 됩니다. 여기에다가 에코드라이브까지 보편화되면 더욱 에너지 절약과 이산화탄소 저감에 획기적으로 기여를 할 수 있습니다.

15

승용디젤차에 대한 긍정적인 인식 전환이 이루어져야 한다.

|소비자와사용자|

국내에서 승용디젤차는 지금까지 갖가지 홀대를 받아왔습니다. 매연과 소음과 진동 등 나쁜 것의 대명사로 생각하였습니다. 국내에서 승용디젤차는 판매 비율이 약 1% 정도였습니다. 그러나 최근 수입 승용차디젤차를 중심으로 판매가 획기적으로 늘고 있습니다 지금까지는 메이커에서 만들어 출시하여도 부정적인 인식이 강하여 판매가 되지 않기 때문입니다. 분명한 것은 지금의 승용디젤차의 수준은 최고 수준이라는 것입니다. 이른바 클린 디젤차입니다.

가솔린 대비 약 20% 이상의 연비 상승과 특히 이산화탄소 배출 비율이 약 20% 정도 적고 고장빈도 등 여러 면에서 유리합니다. 분명한 점은 구입 시 가솔린 차량보다 고가라는 사실과 아직 가솔린 차량만큼 소음 등이 아주 없지는 않다는 것입니다. 그러나 이것도 선입견이 강합니다. 그렇게 문제가 되는 것이 적다는 것입니다. 유럽은 두 대 중의 한 대가 승용디젤차입니다. 승용디젤차의 장점을 알기 때문입니다. 그렇다고 어떠한 정부나 지자체의 혜택은 없습니다. 우리는 가솔린차에 너무 익숙합니다. 디젤차에 대한 부정적인 인식 제공은 정부도 한 몫 하였습니다. 환경개선부담금 제도는 예전에 디젤차가 오염이 심하여 환경을 개선시키고자 부과한 세금이었으나, 최근 클린 디젤차를 중심으로 이 제도가 사문화 되다시피 하여 긍정적으로 판단하고 있습니다.

2년 전 클린 디젤차가 친환경치 범주에 포함이 되었습니다. 그러나 아직 지원 기준은 만들어지지 않았습니다. 이러한 정부 부처의 불협화음을 하루속히 정리되어야 합니다. 최근 국내에서는 유럽산 수입 승용디젤차가 절찬리에 판매되고 있습니다. 너무 인기가 높다는 것입니다. 우리 것과는 대조되는 현상입니다.

이제 바뀌어야 합니다. 국산도 인정해주고 정부도 친환경차에 대한 기준을 설립하여 일정 수준 이상의 승용디젤차에 대한 혜택을 고민해야합니다. 최근 세계적 환경 규제에 대하여 능동적으로 대처할 수 있는 기종 중의 하나가 바로 '승용디젤차'입니다. 하루속히 인식 전환에 대한 능동적인 바람을 전합니다.

16

어린이 보호구역 스쿨존에서의 운전방법은?

|소비자와사용자|

어린이 보호구역, 즉 스쿨존은 시속 30Km미만으로 운행하여야 합니다. 그 만큼 이 지역은 공로상에서의 안전의식이 약하고 사회 약자의 대표인 어린이를 보호하기 위한 특별 구역입니다. 어린이는 움직이는 빨간 신호등이라고 합니다 그 만큼 항상 어디에서 어떻게 행동하고 튀어나올지 모르는 대상이라는 뜻입니다. 그래서 갑작스럽게 나타났을 때 대처할 수 있는 속도가 바로 30Km입니다.

그러나 국내의 경우 스쿨존에서의 지정 속도는 거의 의미가 없습니다. 그래서 그런지 어린이 교통사고는 줄지 않고 있고 OECD국가 중 10만 명당 어린이 교통사고 사망자수는 최고 수준입니다. 그래서 최근에 경찰청에서는 스쿨존에서의 5가지 중대 교통법규 위반항목에 대하여 2배의 부담으로 가중 처벌하겠다고 발표했습니다. 물론 이에 대해서는 말이 많습니다. 주변 여건이나 형평성의 원칙 등 여러 면에서 문제가 많다는 것입니다.

　그러나 역시 중요한 것은 어린이라는 약자에 대한 보호 의무는 우리 성인에게 있다는 것입니다. 그래서 우리가 항상 강조하는 에코드라이브 운동도 한 템포 느린 운동인 만큼 스쿨존에서의 운전은 더욱 조심하고 여유 있게 운전을 하라는 것입니다. 주변을 보면서 서서히 운전하고 신호등 앞이나 횡단보도 등에서는 미리부터 브레이크에 발을 올려놓고 속도를 늦추는 것입니다. 우리의 급한 성격을 스쿨존에서 더욱 여유 있게 만들 수 있지 않을 까 생각합니다.

　스쿨존은 우리의 에코드라이브 실천 강령 중 3급 방지는 물론 브레이크와 가속페달, 변속레버 등을 조작하는데 더욱 여유를 가지는 계기를 제공할 것입니다. 에코드라이브는 에너지 절감이 주목적이지만 안전운전과 자신에게 맞는 운전방법을 찾는 것도 중요한 의무사항이라는 것을 스쿨존에서 찾을 수 있을 것입니다.

17

연료 절약법
개인에게 맞는 방법을 찾아라!

|소비자와사용자|

친환경 경제운전인 에코드라이브 운동을 통하여 갖가지 경제적인 운전방법을 제시하고 있습니다. 에코드라이브 실천 강령을 중심으로 수십 가지의 경제 운전방법이 있습니다. 그러나 이 모두를 익히기란 보통 어려운 일이 아닙니다. 그 동안의 운전방법을 개선시키기도 어렵고 한꺼번에 에코드라이브를 익히는 것도 쉽지 않기 때문입니다. 그래서 하나하나 자주 되새기면서 습관화시키는 것입니다.

끈기와 지속적인 노력과 그리고 정부나 지자체의 적극적인 홍보가 필요한 것입니다. 그래서 수십 년간 운전한 사람의 경우는 습관을 바꾸기가 어려운 대신 초보 운전자는 쉽게 익힐 수 있습니다. 처음 면허를 취득하는 사람에게 집중적인 에코드라이브가 중요한 역할을 합니다. 미리부터 한 템포 느리게 운전하는 방법을 가르치고 습관화시키면 일생 동안을 이 방법을 유지하게 됩니다. 어릴 때부터의 교육이 얼마나 중요한 가를 에코드라이브를 통해서도 알 수 있습니다. 에코드라이브 방법에는 많은 종류가 있으나 어느 경우에는 맞지 않는 운전방법이 있습니다. 본인의 운전방법과 상이하여 도저히 익히기 어려운 경우입니다.

따라서 에코드라이브는 무리하게 새로운 것을 시도하기 보다는 본인의 운전방법과 유사한 에코드라이브 방법을 익히는 것이 중요합니다. 수동변속기나 자동변속기를 숙달되게 다루는 경우는 신호등 앞에서의 중립모드N을 이용하는 방법을 우선 숙달시키고 정비를 취미로 하는 사람은 우선 철저한 자동차 관리를 하는 것입니다. 전혀 운전에 대하여 자신 있지 못하면 트렁크 정리하기나 타이어 공기압 유지하기 등 쉬운 방법부터 접근하는 것입니다.

이렇게 하나씩 접근하여 익히면 나중에 여러 가지를 혼합하여 에코드라이브를 하여도 무리가 가지 않고 연료 절약비율은 본인이 알 수 있을 정도로 높아만 갑니다. 이것에 재미를 붙이면 연간 절약하는 에너지는 적지 않을 것입니다. 이것이 모여 국가의 에너지 절감이 됩니다. 여기에 항상 절약한다는 의지가 항상 머릿속에 있으면 효과는 배가됩니다. 쉬운 에코드라이브부터 시작한다는 사실을 인지하고 지금부터 시작하여도 좋습니다.

18

자동차
가속페달 밟는 법부터
다시 배우자

|소 비 자 와 사 용 자|

　　친환경 경제운전인 에코드라이브는 개인의 운전습관을 경제적으로 바꾸는 운동입니다. 여기에는 각종 자동차 기능을 제대로 익히고 가장 경제적인 방법이 무엇인지 인지시키는 것이 중요합니다. 운전대를 잡는 방법부터, 자세, 변속기 동작방법은 물론 갖가지 기능을 익혀 최고의 안전조건과 경제적 조건을 맞추는 것입니다.

　　이 중에서도 가속페달은 친환경과 고연비 조건에 매우 중요합니다. 가속페달을 제대로 밟지 못하면 연료비가 기하급수적으로 증가할 수도 있습니다. 아마도 수십 % 이상은 더 연료가 낭비되는 경우도 많습니다. 그래서 에코드라이브에서 항상 가속페달의 밟는 방법에 대하여 중요하게 여기는 이유이기도 합니다. 우선 급하게 밟지 말아야 합니다. 정지에서 출발할 때도 그렇고 추월할 때도 가속페달을 급하게 밟게 됩니다. 이 때 주로 연료가 많이 낭비됩니다. 그래서 한 템포 느리게를 강조하는 것입니다. 아침에 처음 출근하면서 차량을 운전할 때는 엔진이 아직 활성화가 덜 된 상태이기 때문에 약간의 워밍업과 함께 서서히 출발하여야 합니다. 수 백 미터는 서서히 가속페달을 밟아 워밍업을 시키는 것이 중요합니다.

그리고 에코드라이브 실천 강령 10가지 중 하나인 연료차단기능인 퓨얼 컷을 이용한 관성 운전 시에도 적절한 타이밍에 가속페달에서 발을 떼는 것이 필요합니다. 일반적으로 시속 70~80Km 정도에서 가속페달에서 발을 떼면 이 때부터 관성 운전이 가능합니다. 언덕을 올라갈 때도 미리부터 평지에서부터 가속페달을 몇 번씩 나누어 밟으면서 가속도를 높이면 한 번에 밟는 것보다 연료가 절약됩니다. 가속페달은 밟는 위치부터 밟는 습관, 밟는 방법 등 다양한 조건이 필요합니다.

그리고 습관화시켜 자기 것으로 만드는 것이 중요합니다. 한 번에 여러 가지를 배우기보다 하나 제대로 배우는 것이 필요합니다. 초보자는 더욱 첫 단추가 중요한 만큼 제대로 배우는 것이 더욱 중요합니다.

19

차량관리에 대한 감각
화재 예방은 물론
에코드라이브에 큰 도움이 된다.

|소비자와사용자|

최근 차량 화재에 대한 얘기가 분분합니다. 특히 터널 내에서 발생하는 차량 화재는 위력뿐만 아니라 인명의 손실을 가져올 수 있는 큰 사고로 이어질 수 있어 더욱 관심이 높을 수밖에 없습니다. 연간 발생하는 차량 화재는 약 5천건이 될 정도입니다. 그 만큼 우리 주변에서 차량 화재는 생각 외로 많다는 것입니다. 이 차량 화재는 조금만 조심하여도, 차량관리에 신경만 써도, 그리고 화재가 발생할 경우 조치만 잘 하여도 문제를 줄일 수 있습니다.

이는 결국 차량 손실을 줄일 수 있어 에너지 절감 등 에코드라이브에도 큰 도움이 됩니다. 차량화재의 원인은 보통 엔진 과열, 전기배선의 접촉 불량, 배기관 근처의 가연성 물질 인화, 제동장치의 과열 등에 주로 있습니다. 이러한 부분은 조금만 관리하여도 많은 문제를 없앨 수 있습니다. 엔진오일이나 냉각수를 항상 교환 및 보충하고 청결하게 유지하며, 엔진룸을 등을 청소하여 깨끗하게 해 줍니다.

그리고 라이닝이나 패드 등도 항상 관리하며, 브레이크액도 보충, 교환하여 줍니다. 이러한 행위는 그렇게 어렵지 않습니다. 본인이 하기보다는 정비업소에서 확인하면 됩니다. 그리고 혹시 만약을 위하여 운전석 근처에 유리를 깨는 망치와 소화기 등이 있으면 더욱 좋습니다. 조기 탈출이나 조기 진화에 필수적인 용품들입니다. 반영구적으로 사용하는 만큼 차를 바꾸면 옮기면서 다시 재사용 가능합니다.

특히 더욱 여름철은 주변 온도가 높아 차량 화재 등 위험요소에 노출될 수 있습니다. 중고차의 경우 무리하게 운행하지 말고 정기적으로 사람과 마찬가지로 쉬면서 운행하면 무리가 가지 않습니다. 특히 한 템포 느리게 운전하면 사고도 방지하면서 우리가 항상 언급하는 에코드라이브도 가능하게 됩니다.

결국 에코드라이브는 단순히 운전자가 운전방법을 개선시켜 연료를 절약하는 것만 아니라 차량 구입, 친환경차 사용, 차량 관리 및 안전운전 등도 광범위하게 포함할 수 있습니다. 차량과 관련된 최고의 주변 환경을 만드는 과정, 모두가 에코드라이브의 시작임을 알았으면 합니다.

20

운전 중
휴대폰 사용, DMB 시청
너무 위험하다.

|소비자와사용자|

자동차 운전에서 가장 중요한 요소는 안전입니다. 아무리 운전을 잘할 수 있는 테크닉을 지니고 있어도 안전에 전제되지 못하면 진정한 의미가 없다고 할 수 있습니다. 특히 안전을 기하면서 연료 절약의 대명사인 에코드라이브까지 한다면 진정으로 운전을 잘 하는 사람이라고 할 수 있습니다. 최근 고유가에 따른 에코드라이브가 큰 관심을 끌고 있습니다. 그러나 무리하게 운전을 한다든지 남의 피해가 있든 말든 운전을 하는 방법은 꼭 지양하여야 할 부분입니다. 서로를 배려하면서 교통의 흐름을 타고 안전과 에코드라이브라는 목적을 달성한다면 최고의 테크닉을 갖춘 운전법일 것입니다.

최근 에코드라이브를 하면서 안전 운전을 하는 사람이 많은데 가장 위험하다는 것을 알면서도 종종 이용하는 나쁜 습관이 있습니다. 바로 휴대폰 사용이나 DMB 시청입니다. 우선 휴대폰의 경우 법적으로 허용된 핸즈프리를 사용한다고 하여도 대화 내용에 집중하다보면 운전 중의 각종 발생문제에 대하여 능동적으로 대처하기가 어렵다는 것을 느낄 것입니다. 심지어 목적지까지 가면서 자신이 어떻게 어떠한 과정을 거쳐 목적지에 이르렀는지 기억이 전혀 나지 않는 경우가 많습니다. 얼마나 위험한 경우인 지 알 수 있습니다. 그래서 법적으로 허용된 방법이어도 운전 중 휴대폰 사용은 극히 위험한 행동입니다.

심지어 문자 메시지를 보내는 행위는 더욱 위험함을 알 수 있습니다. 유사한 행위가 바로 DMB 시청입니다. 단 1~2초라고 하여도 전방 주시의 의무가 사라진 순간 사고는 발생한다는 사실을 더욱 직시했으면 합니다. 더욱이 다른 행위를 하다가 순간적으로 발생하는 사고는 대초를 못하여 사고의 정도를 키운다는 사실입니다. 무슨 일이 있어도 휴대폰 사용이나 DMB 시청은 절대로 운전 중에 하면 안됩니다.

또한 운전 중에 네비게이션을 조작하는 행위도 매우 위험합니다. 최소한 하는 경우에는 신호등 앞에서 정지하고 있을 때 하는 것이 가장 안전합니다. 운전 중 전방주시의 의무는 안전을 위한 전제조건입니다. 자신을 위해서도 의지를 가지고 지켜주길 바랍니다.

21

한 달에 연료 절약,
얼마나 하고 있습니까?

|소비자와사용자|

연간 차량에 들어가는 유지비는 상당한 부담이 됩니다. 적어도 매달 20~30만원 이상은 소모되는 차량이 적지가 않습니다. 여기에 차량에 들어가는 각종 소모품과 관리비용도 적지가 않습니다. 5~6년 된 중고차가 되면 한 번에 크게 들어가는 관리비용도 크게 부담이 되기도 합니다.

특히 매달 지속적으로 소모되는 유류비가 가장 부담이 된다고 할 수 있습니다. 그래서 종종 대중교통수단도 이용하고 가능하면 주차비 등이 저렴한 곳을 찾기도 하며, 주유소도 저렴한 곳을 비교하여 단골로 하기도 합니다. 이것이 모이면 적지 않게 유지비 관리에 도움이 된다고 하고 있습니다. 유류비의 절감은 결국 운전자의 몫입니다. 하고자 하는 의지가 없으면 얼마나 차량 유류비로 들어가는 지조차 모르는 경우도 많습니다. 한 달에 한번 따져보고 많이 필요로 된다고 느끼기도 합니다.

연간 수백만 원을 유류비로 소모하는 것이 보편적인데 과연 노력하면 얼마나 절약할 수 있을까요? 적어도 10% 이상, 많으면 30% 이상도 가능합니다. 그 만큼 곳곳에서 낭비되는 연료 값이 크다는 뜻이기도 합니다. 중요한 포인트는 운전방법과 관리에 모아집니다. 운전방법은 결국 친환경 경제운전인 에코드라이브를 말합니다. 운전방법이 거칠고 급하면 필요 없이 낭비되는 기름이 적지가 않다는 것입니다. 한 템포 느리게 운전하고 여유 있게 운전하면 피부로 느낄 수 있게 절약되는 것을 느낍니다. 에코드라이브 방법을 숙지하고 노력하는 자세가 중요한 것입니다. 운전자의 자세가 가장 중요함을 알 수 있습니다.

자동차 관리방법도 매우 중요합니다. 평상 시 교환하던 소모품을 소홀하게 되거나 정기적인 관리를 소홀하게 되면 당장 고장은 물론 연비도 나빠지게 됩니다. 특히 겨울철 추운 날씨로 인하여 연비는 그렇게 좋지가 못합니다. 더욱 에코드라이브가 필요하고 관리에 신경을 쓰면 피부로 느끼는 장점이 커지게 됩니다. 새로운 마음을 가지고 운전방법을 개선시키는 에코드라이브에 한번 몰입하는 것도 괜찮을 것입니다. 돈 버는 운전이 바로 에코드라이브입니다.

22

사회 지도층부터 경소형차 운행에
동참하기 바랍니다.

|소비자와사용자|

경소형차의 중요성은 누구나 인지하고 있습니다. 적은 만큼 연비 좋고 에너지 절약과 함께 이산화탄소 배출도 적습니다. 그러나 우리의 경차 비율은 약 8% 수준입니다. 상대적으로 큰 차가 안전하고 사회적으로 대접을 받는다고 생각하고 있습니다 물론 잘못된 부분으로 많이 고쳐지고 있지만 아직 이러한 대접은 많이 남아 있습니다. 기저에 깔려있다고 해도 과언이 아닙니다.

친환경 경제운전인 에코드라이브를 하기 전에 미리부터 이렇게 경소형차를 운행하면 당연히 에너지 절감효과는 배가됩니다. 그래서 국민에게 강조하고 인센티브를 부여하고 있습니다. 그러나 그리 쉽게 늘지 않는

다는 것입니다. 사회적 대접도 아직 너무 약하고 인센티브도 적다고 생각하고 있습니다. 무엇보다 사회지도층의 인식이 변화를 주도해야 합니다.

　　아직 국내 정부 부서는 관공서용으로 차량을 구입하면서 경차의 구입은 거의 없는 실정입니다. 물론 최근에 친환경차 구입은 늘고 있으나 경차는 아니라는 것입니다. 이러한 인식 자체부터 변해야 합니다. 사회 지도층도 변해야 합니다. 국회의원이나 장관 등 사회 지도층이 경차를 애용하고 있다는 뉴스는 가뭄에 콩나듯 합니다. 이러니 국민은 누구를 본받을 마음의 여유가 없습니다. 나홀로 하자는 취지와 같습니다. 아무리 강조하고 홍보하여도 공염불이라고 할 수 있습니다.

　　일본의 경차 비율 약 37%, 유럽의 약 50% 수준은 남의 얘기와 같습니다. 이제 꼭대기부터 변해야 국민은 인정하고 솔선수범하게 됩니다. 그리고 더 큰 인센티브까지 더해지면 자연스럽게 경소형차는 늘게 됩니다. 전체가 움직여야 한다는 얘기입니다.

23

자신에게 맞는 운전환경을 조성하자.

|소비자와사용자|

친환경 경제운전인 에코드라이브는 에너지 절감을 위한 최고의 운동입니다. 그러나 효과가 극대화되기 위해서는 운전자 한명 한명이 모두 동참하고 열심히 하여야 효과는 커집니다. 이것이 모이면 지자체나 국가 차원에서 당연히 효과는 커지겠으나 무엇보다도 개인의 입장에서 차량 유지비가 적게 들고 동시에 국가에 기여할 수 있습니다. 그리고 정부에서 인센티브제를 만들면 역시 더 좋은 혜택을 받을 수 있습니다.

이러한 에코드라이브를 잘하기 위한 방법은 에코드라이브 실천 강령에 녹아있으나 무엇보다 자신에게 맞는 에코드라이브를 찾는 것이 중요합니다. 아무리 좋은 방법이어도 평상시에 자신이 하던 방법이 아니면 효과는 반감되고 습관적으로 하기가 힘들어집니다. 물론 이렇게 에코드라이브를 하기에 앞서 자신 주변의 운전 환경을 바꾸어주는 것이 중요합니다.

평상 시에 음악을 좋아하던 사람은 자신이 좋아하는 음악장르를 택일하여 적당한 크기로 듣는 것도 좋습니다.

그러나 너무 소리가 크고 어수선하면 주변의 소리 등에 둔감하게 되어 능동적으로 대처를 할 수 없습니다. 뿐만 아니라 음악은 여유로운 마음을 만들어주고 한 템포 느린 운전을 가능하게 만듭니다. 그렇다고 빠르고 격한 음악은 도리어 운전에 장애가 되기도 하므로 유의하여야 합니다. 물론 항상 듣는 라디오 음악도 좋고 USB나 CD를 이용하여 좋아하는 음악을 모아 반복적으로 들어도 좋습니다.

환경 조성 중에 음악은 가장 좋은 환경을 만들어줍니다. 운전 중 담배를 피워야 여유가 가능하다고 하는 사람도 있으나 담배 자체가 해롭고 라이터 등을 이용하여 담뱃불을 붙일 때 전방 주시의 의무 소홀로 사고가 발생할 수 있으므로 그렇게 권장할 수 있는 내용은 아닙니다. 이것을 기회로 담배를 끊는 것도 좋을 것입니다.

일본의 경우 담배냄새가 차량 내에 배이면 중고차 값이 크게 떨어질 정도입니다. 역시 운전 중 DMB 시청이나 휴대폰 통화는 금기사항입니다. 차량 내는 음식찌꺼기 등 이물질이 끼어 있는 경우가 종종 있어 곰팡이가 발생하면 알레르기성 비염 등 호흡기 질환이 발생할 수 있어서 운전환경을 나쁘게 만들므로 역시 정기적으로 깨끗하게 청소를 하는 것이 좋습니다.

워셔액 등도 충분히 준비하고 윈도우 브러시 고무도 정기적으로 교환하여 앞유리 등 주변 유리를 깨끗하게 만드는 일도 필요합니다. 운전석 시트의 높이나 운전대를 잡는 자세 등도 올바른 방법을 숙지하여 항상 편하게 운전할 수 있어야 합니다. 운전 환경 조성은 에코드라이브를 위한 시작점입니다.

에코드라이브

초판인쇄 ▍ 2012년   5월   18일
초판발행 ▍ 2012년   5월   25일

저   자 ▍ 김필수
발 행 인 ▍ 김길현
발 행 처 ▍ 도서출판 골든벨
등   록 ▍ 제 3—132호(87. 12. 11)   ⓒ 2012 Golden Bell
I S B N ▍ 978-89-97571-14-7
정   가 ▍ 15,000원

이 책을 만든 사람들

본문 디자인 ▍ 이진솔   제 작 진 행 ▍ 최병석
표지 디지인 ▍ 이진솔   마 케   팅 ▍ 루뉭춘, 강능구
공 급 관 리 ▍ 오민석, 김경아, 남윤정

- 140-100 서울특별시 용산구 백범로 90라길 14(문배동 40-21)
- TEL : 02-713-4135   • FAX : 02-718-5510
- http : // www.gbbook.co.kr   • E-mail : 7134135@ naver.com

※ 파본은 구입하신 서점에서 교환해 드립니다.